新型农民农业技术培训系列丛书

茄子无公害栽培新技术

● 高延红 编著

中国农业科学技术出版社

图书在版编目（CIP）数据

茄子无公害栽培新技术 / 高延红编著．—北京：中国农业科学技术出版社，2011.7

ISBN 978 - 7 - 5116 - 0503 - 0

Ⅰ.①茄…　Ⅱ.①高…　Ⅲ.①茄子 - 蔬菜园艺 - 无污染技术　Ⅳ.①S641.1

中国版本图书馆 CIP 数据核字（2011）第 109334 号

责任编辑　杜新杰
责任校对　贾晓红

出 版 者　中国农业科学技术出版社
北京市中关村南大街 12 号　邮编：100081
电　　话　(010)82106638(编辑室)　(010)82109704(发行部)
(010)82109709(读者服务部)
传　　真　(010)82109709
网　　址　http://www.castp.cn
经 销 者　各地新华书店
印 刷 者　中煤涿州制图印刷厂
开　　本　850mm×1 168mm　1/32
印　　张　4.375
字　　数　90 千字
版　　次　2011 年 7 月第 1 版　**2012 年 11 月第 3 次印刷**
定　　价　15.00 元

前　言

发展无污染的绿色食品，已成为时代要求。掌握常见蔬菜的现代栽培技术既是对新时代农民的基本要求，也是我国城镇蔬菜供应的保证。

本书系统介绍了茄子无公害栽培技术，在介绍了我国茄子生产的现状后，重点讲述了茄子品种的选择、茄子育苗和栽培技术。在茄子栽培技术的介绍中还设专章介绍了茄子的温室栽培技术和标准化生产技术。另外还对茄子的病虫害防治问题做了全面介绍。

本书技术新，实用性强，适合广大菜农、农业技术人员、农业学校师生以及部队农副业生产人员阅读。

限于水平，本书的错误之处在所难免，希望广大农民朋友和技术人员指正！

编者

2011 年 5 月

目　录

第一章　茄子的生产状况与标准化生产概述 ……… (1)
　第一节　我国茄子的生产状况及发展趋势 …… (1)
　第二节　茄子标准化生产的概念及意义 ……… (4)
　第三节　茄子标准化生产存在的问题及对策 … (10)
第二章　茄子的品种选择 ……………………… (14)
　第一节　茄子品种选择的原则 ………………… (14)
　第二节　茄子的常规品种介绍 ………………… (16)
　第三节　茄子的杂交品种 ……………………… (20)
　第四节　我国引进的国外茄子品种 …………… (26)
第三章　茄子的育苗及栽培技术 ……………… (29)
　第一节　茄子的育苗技术 ……………………… (29)
　第二节　茄子的栽培技术 ……………………… (48)
第四章　茄子的温室栽培技术 ………………… (55)
　第一节　茬口安排及育苗技术 ………………… (55)
　第二节　定植技术 ……………………………… (61)
　第三节　水肥管理及植株调整 ………………… (64)
第五章　茄子的标准化生产技术 ……………… (72)
　第一节　茄子标准化生产的育苗技术 ……… (72)

第二节 茄子标准化生产栽培技术 …………（93）

第六章 茄子的病虫害防治…………………………（104）

第一节 茄子的病虫害防治的原则及方法……（104）

第二节 茄子的主要病害及其防治…………（112）

第三节 茄子的主要虫害及其防治…………（124）

主要参考文献…………………………………（135）

第一章　茄子的生产状况与标准化生产概述

第一节　我国茄子的生产状况及发展趋势

一、我国茄子生产现状

茄子在全世界都有分布，尤其在亚洲、非洲、地中海沿岸、欧洲中南部、中美洲种植广泛，但在欧美等地，只有在较低纬度地区栽培，品种不多。世界各国中以中国茄子栽培面积最大，总产量最高。据联合国粮农组织（FAO）年鉴的统计资料，2004 年全球茄子收获面积为 170.1 万公顷，总产量为 2 984万吨；我国收获面积为 81.7 万公顷，总产量为 1 653万吨，分别占世界收获面积和总产量的一半左右。2005 年我国茄子种植面积为 70.26 万公顷，平均亩产 2 147.6千克，总产量为 2 263.4万吨。我国茄子种植面积最大的 6 个省依次是山东、河南、河北、四川、湖北、江苏。

我国东北、华东、华南地区以栽培长茄为主，华北、西北地区以栽培圆茄为主。

在自然条件下，我国长江以南无霜地区可以一年四季栽培茄子，在北方地区只能在无霜期季节栽培，过去在漫长的冬春季节北方吃不到新鲜的茄子。20 世纪 50 年代末 60 年代中后期，塑料中小棚开始应用于蔬菜栽培，可以把茄子生产时间提前或延后 1 个多月，经济效益明显高于露地。同时，用塑料薄膜覆盖替代玻璃作为温室透明覆盖物，促进了我国塑料温室的发展，加盖外保温设施（草苫、纸被），可使茄子生产提前 1～2 个月。这样，在北纬 40°左右的地区可在 2～3 月份吃到新鲜茄子，经济效益又得到了进一步的提高。进入 20 世纪 80 年代中后期，随着高效节能型日光温室和功能性塑料薄膜的发展，加之内外保温设施和先进栽培技术的应用，使北纬 40°左右的地区，冬季在不加温的情况下能生产出茄子，并在春节前后上市，每亩创产值 2 万多元。

目前，我国的茄子生产已经实现了周年供应。长江中下游及其以南地区形成了塑料棚、地膜、遮阳网三元覆盖型周年系列化保护栽培体系，黄淮海平原地区形成了高效节能型日光温室、塑料棚、地膜、遮阳网四元覆盖型周年系列化保护栽培体系，东北、西北及内蒙古、山西的大部分地区，也形成了高效、节能型日光温室、塑料棚、地膜三元覆盖型周年系列化保护栽培体系，使这一地区在不加温的情况下，茄子能够全年生产和周年供应。由于茄子较耐贮运，它已成为由蔬菜生产基地运往城镇、南方运往北方的大宗蔬菜之一。由于茄子的产量高，市场广阔，经济效益十分显著，在生产规模上已由农村的一家一户零散栽培发展到大规模的商品化生产，已成为菜农致富的项目之一。尤其在山东寿光，十几年来利用日光温室保护设施，进行茄子的秋冬茬、越冬茬、冬春茬反季节大面积栽培，使茄子成为冬春季也能大量外销的主要果菜类蔬菜之一。并因反季节价格高，一般每茬每亩茄子产鲜果 1 万 ~1.5 万千克，纯收入 2 万 ~3 万元。

二、茄子生产发展趋势

主要有以下 5 个方面。

第一，栽培品种专用化。茄子不同栽培方式及生产目的对品种均有不同的要求，特别是随着茄子标准化生产的发展，要求茄子的各种栽培方式都将有与其相配套的专用优良品种。

第二，设施栽培规模将不断扩大。设施栽培具有栽培环境易于控制，产品质量好，受自然条件影响小，栽培期长，产量高，效益也高，特别是设施栽培可以根据市场需求灵活调节生产时间，安排栽培茬口，避免产品的上市时间过于集中等优点，因此，设施栽培的规模也将呈不断扩大的趋势。

第三，栽培管理措施更加科学。茄子的生产技术将日趋完善，栽培技术将配套化，各种栽培方式都将有与其相适应的科技含量较高的配套栽培管理措施。

第四，管理技术现代化。一些科技含量较高的现代管理技术将被普遍推广应用，例如，嫁接栽培技术、新法整枝技术、化控技术、再生栽培技术、微灌技术等，将优先受到重视。

第五，向质量、安全、效益、标准化方向发展。现在人们对蔬菜的品质，尤其是蔬菜的安全卫生特别重视。国内不少市场已实行蔬菜市场准入制，而国际市场绿色壁垒更加严峻。因此，菜农必须生产无公害蔬菜，在无工厂废气、废水、废渣污染的基地种菜；生产过程中不使用剧毒和高残留农药，对症选用高效低毒农药，严格控制浓度、用量、安全间隔期；尽量使用腐熟农家肥，控制使用化学氮肥，以免蔬菜中硝酸盐含量超标。在此基础上生产有机蔬菜（不使用任何农药、化肥、激素），才能以高价在国内外市场畅销。今后茄子实行标准化生产是大势所趋。标准化生产是按照一定的生产流程和操作规范对茄子进行生产管理，其主要目的是控制茄子的生产环境，控制化肥、农药和其他有害物质的使用量，确保茄子生产过程无公害，生产出符合有关质量标准要求的茄子产品。

第二节　茄子标准化生产的概念及意义

一、概念

茄子标准化生产是指茄子生产中的产地环境、生产过程和产品质量符合国家或行业的相关标准，产品经质量监督检验机构检测合格，通过有关部门认证，并使用绿色无公害食品标志的生产过程。在茄子标准化生产过程中，从产地选择、栽培品种的确定、育苗定植、栽培管理、产品采收和质量检测，一直到产品的包装、贮藏、加工和运输的全过程都必须按照特定的技术标准，生产出优质的绿色无公害的蔬菜产品。绿色无公害蔬菜产品是无污染、安全和优质蔬菜的总称。绿色无公害蔬菜主要可分为无公害蔬菜、绿色蔬菜和有机蔬菜3个层次。

无公害蔬菜指产地生态环境清洁，按照特定的技术操作规程生产，将有害物含量控制在规定标准内，并由授权部门审定批准，允许使用无公害标志的蔬菜产品。无公害蔬菜注重产品的安全质量，其标准涉及内容较少，要求也不是很高，市场价格也较绿色和有机蔬菜低，适合我国当前的农业生产发展水平和国内消费者的需求，多数生产者只要进行生产环境和过程的严格控制较易达到这一要求。蔬菜生产可由普通蔬菜发展到无公害蔬菜，再进一步发展至绿色蔬菜或有机蔬菜，所以无公害蔬菜是绿色蔬菜发展的初级阶段。

绿色蔬菜是我们国家提出的概念，指遵循可持续发展原则，按照特定生产方式生产，经专门机构认证，许可使用绿色食品标志的无污染的安全、优质、营养类蔬菜。由于国际上将与环境保护有关的事物常冠之以“绿色”，为突出这类蔬菜出自良好生态环境而定名为绿色蔬菜。绿色蔬菜的基本特征是无污染、安全、优质和营养。无污染是指在绿色蔬菜生产、加工和流通过程中，通过严密监测、控制，防止农药残留和放射性物质、重金属、有害细菌等对产品生产和流通各环节的污染，以确保绿色蔬菜产品的洁净。为适应国内消费者的需求和在当前我国农业生产发展水平条件下参与国际市场竞争的需要，从1996年开始，在申报审批过程中，将绿色蔬菜分为AA级和A级。A级绿色蔬菜是指在生态环境质量符合规定标准的产地，生产过程中允许限量使用限定的农药、化肥、除草剂和植物激素等化学合成物质，按特定的操作规程生产、贮藏和运输，产品质量及包装经检测、检验符合特定标准，并经专门机构认定，许可使用A级绿色蔬菜标志的产品。AA级绿色蔬菜指在环境质量符合规定标准的产地，生产过程中不使用任何有害化学合成物质，按特定的操作规程生产、加工，产品质量及包装经检测、检验符合特定标准，并经专门机构认定，许可使用AA级绿色蔬菜标志的产品。我国部分AA级绿色蔬菜标准已经达到甚至超过国际有机农业运动联盟的有机蔬菜的基本要求。

国际有机农业运动联合会（IFOAM）将有机食品定义为“根据有机食品种植标准和生产加工技术规范而生产的，经过有机食品颁证组织认证并颁发证书的一切食品和农产品”。国家环保总局有机食品发展中心（OFDC）认证标准中有机食品的定义是“来自于有机农业生产体系，根据有机认证标准生产、加工，并经独立的有机食品认证机构认证的农产品及其加工品”。有机蔬菜与无公害蔬菜和绿色蔬菜的最显著差别是，前者在生产贮藏和流通过程中绝对禁止使用农药、化肥、激素等人工合成物质，后者则允许有限制地使用这些物质。因此，有机蔬菜的生产条件要求更严，需要建立全新的生产体系。有机蔬菜生产主要强调3个方面。第一，在生产过程中绝对禁止使用农药、化肥、激素等人工合成物质，不允许使用基因工程技术和辐射技术；其他蔬菜则允许有限使用这些物质，不禁止使用基因工程技术。如绿色蔬菜对基因工程技术和辐射技术的使用未做规定。第二，有机食品对土地生产转型有严格规定，这主要是考虑到某些物质在环境中会残留较长时间，所以土地在生产有机食品前需要两年到三年的土地转换期，但生产绿色食品和无公害食品间没有转换期的要求。第三，有机食品在数量上进行严格控制，要求定地块、定产量，生产其他食品没有如此严格的要求。

在绿色无公害蔬菜认识上要注意如下几点。首先，蔬菜产品有无污染、所含物质是否有害是相对的，只有某种物质积累量达到一定程度才会有害并对食品造成污染，只要有害物含量控制在标准规定的范围之内就有可能成为绿色无公害食品。其次，绿色无公害蔬菜生产不只是在偏远的、无污染的地区，在大城市郊区只要环境中的污染物不超过标准规定的范围，也能够进行绿色无公害蔬菜生产。第三，封闭、落后、偏远的山区及未受人类活动污染的地区生产的食品不一定是绿色无公害食品，有时候这些地区的大气、土壤或河流中含有天然的有害物。第四，野生或自然生长的蔬菜，如野菜不能算作真正的绿色无公害蔬菜，绿色无公害蔬菜必须经过专门机构认证。

茄子标准化生产的关键是按照国家或行业颁布的生

产标准，对生产的全过程进行严格的质量控制，生产出获得食品安全检查监督部门认证的优质产品。目前我国已经初步建立了包括产地环境、生产过程和产品质量的国家或行业标准。

二、意义

第一，确保茄子的质量和安全。茄子标准化生产能够从农田到餐桌实行全过程无公害质量标准控制，经质量检测部门检测认定，生产出对人体健康不造成危害的产品。质量标准控制是从生产基地的土壤、水源、空气等生产环境质量检测审定，对生产者按技术规程进行施肥用药的管理考核，在产品采收、贮藏、运输和上市流通过程中进行质量检测，对产地环境、生产方式、产品质量等经过严格检测；规范了茄子种子、农药、肥料、包装材料、机械设施等农需产品的供应；规范了茄子栽培、加工、流通各环节的操作规程；按标准进行栽培管理、病虫防治、加工、贮运、包装、销售，可有效地提高产品质量，确保生产出质量优良、营养丰富、食用安全的绿色无公害茄子产品。

绿色无公害茄子不但为消费者提供营养丰富的产品，还可杜绝环境中有害物质通过茄子进入人体，保证人民的身体健康。标准化生产可在一定程度上阻止或切断有害物质通过农事活动进入生态系统，为生产持续稳定发展创造良好的生态环境。所以，在茄子生产中只有实现标准化，才能适应我国商品经济的高速发展，满足人民生活水平提高的需要，促进茄子产业化高速、稳定、健康和可持续发展。

第二，推进茄子生产的产业化进程。一是茄子的标准化生产有利于相关科技成果的转化，提高生产中的科技含量，促进茄子生产的产业化进程。茄子生产标准化的核心是不断地将茄子生产中的新品种、新技术、新成果、新材料规范为便于生产者掌握的技术标准和生产模式，为科技新成果在生产中的转化利用提供必要的条件，推动茄子生产的科技进步，促进茄子产业化的健康、快速发展。二是标准化生产有利于产品的流通，拓展流通渠道，促进产业化的发展。在现代化的国际商品贸易中，标准化生产的产品由于品质优良、信誉度高，更有利于采用期货交易、拍卖交易、网上交易等现代交易方式，使买卖双方更快成交和完成交易活动，减少贸易纠纷，缩短新鲜茄子流通所占用的时间，降低贸易成本，更好地保持产品的质量。三是茄子的标准化生产有利于引进国外先进技术和管理经验，促进茄子生产与国际接轨，推动产业化的健康发展。生产标准化体系的健全和完善，为跨国投资、生产、贸易提供了良好发展平台，将促进农业跨国公司的发展，推动我国与其他国家在蔬菜产业上的双向投资创造条件。公认的蔬菜标准化生产既有利于我国的蔬菜生产企业走出国门，开拓国际市场，参与国际竞争；又有利于吸引国际先进的蔬菜生产公司来国内投资生产，推动产业化的健康发展。

第三，提高产品的竞争力。我国作为世界贸易组织的农业大国，与世界各国间的农产品贸易将不断增加，食品安全已成为影响产品竞争力的关键，严重制约农业生产的高效持续发展。国际蔬菜产品市场竞争的核心是质量，但我国蔬菜产品的质量安全，特别是有害物质的残留，与国际市场的要求还存在较大的差距，实现生产技术标准化，切实提高产品的质量是提高我国蔬菜产品竞争力的关键。所以，要扩大蔬菜产品出口，就必须推行标准化。我国的蔬菜产品具有较强的竞争优势，然而近年来我国蔬菜出口数量虽有所增加，但交易额的增长并不明显，除了国际经济不景气的影响外，更重要的原因是我国蔬菜产品的质量问题。要从根本上改变这种状况，必须大力推进蔬菜生产标准化，与国际市场接轨，切实提高蔬菜产品的品质，提高国产蔬菜的国际市场竞争力，开拓国际市场，扩大出口。

第三节　茄子标准化生产存在的问题及对策

第一，我国大多数人对绿色安全蔬菜消费认识不足，没有形成内在的绿色安全消费的需求和庞大的绿色安全消费市场。只有提高广大消费者的绿色消费意识，形成庞大的消费市场，才能促进蔬菜标准化生产的蓬勃发展。

第二，多数生产者生产观念落后，对标准化生产缺乏认识。目前，多数生产者墨守成规，对眼前利益考虑较多，主要追求近期效益和微观效益，对环境保护和社会长远利益考虑得较少；对消费者的绿色无公害产品的需求导致的消费变化、绿色安全问题引起产品竞争力的差异和市场发展趋势等认识不足；有的生产者尽管意识到绿色产品可以开辟新的市场，但由于需要花费较高的生产成本，也存在为避免风险而等待观望的现象。

应通过多种形式，利用各种宣传工具使标准化生产知识做到家喻户晓。目前，普及茄子生产标准化的难度较大，多数菜农为降低生产成本固守自己的原有生产方式，影响了标准的执行。茄子生产标准化技术应按照相关的标准要求结合生产实际编制出简化、统一、通俗易懂的生产标准，使农民一看就懂，一学就会，按照标准一做就灵，以便于农民接受。

一般经济实力较强的龙头企业通常基地面积大，有专门的技术人员管理，能够进行现场指导，执行标准就相对容易，对标准化生产认识程度也相对较高，可作为实施茄子生产标准化的主体。如果根据市场发展的需求，抓住机遇创建或扶持一批龙头企业，并以其为标准化实施对象，就可以形成与市场相适应的现代化生产、经营体系，不但可通过这些企业将农产品带进国际市场，还可带动当地的广大农民实现茄子标准化生产，创造更高的经济效益和社会效益。

蔬菜生产标准化的成本相对较高，在工作初期通常基础较薄弱，政府宜加大投入，为进一步发展奠定坚实的基础。如拨出一定经费，组织相关的技术人员、管理人员制定较完善的工作计划，并把蔬菜标准化的实施经费，如检测体系建设、监督体系建设、基本设施建设经费落到实处，确保蔬菜标准化工作正常运转。蔬菜生产标准化是一个系统工程，涉及方面较多，工作量较大，应抓住重点逐步推开。目前应主要抓好名、特、优蔬菜和出口创汇蔬菜种类的标准化。

第三，蔬菜标准化生产体系实施过程中的许多问题需进一步完善。一是蔬菜生产标准的制定从下达到标准审定、报批、发布整个过程，快则两年，慢则3~4年，滞后于蔬菜产销发展的实际。二是蔬菜标准的实施往往因缺乏权威机构的统筹安排和监督检查，使标准未能在蔬菜生产和流通中得到有效执行，形成了重制定、轻实施，重产品质量认证、轻产品质量保证的现象。三是国内的蔬菜生产标准分为国家标准、行业标准和地方标准等不同层次和范围，有些标准间存在较明显的出入，很难与国际标准接轨。面对标准化发展趋于标准组合系统化、适用范围国际化、制定和实施手段现代化的现状，在制定标准时，要尽可能与国际标准接轨，以适应蔬菜产业现代化和蔬菜贸易国际化的要求，促进蔬菜产业的高水平发展。四是加强质量认证体系建设，蔬菜产品认证是提高产品质量的有效手段，认证标志是蔬菜产品质量的标识。各地要以无公害、绿色、有机蔬菜产品为重点，创造省内、国内、国际的知名品牌。五是加快蔬菜产品检测和标准监督体系建设，根据国家检测工作法规，制定省、市蔬菜质量标准检测条例，建立完善蔬菜质量标准检测网络和监督体系，做到省、市有检测中心，县、区有检测站，各批发和流通市场有检测点。蔬菜生产、流通主管部门与工商、标准质量部门要相互配合，严格质量监控，做到赏罚分明，促进蔬菜标准化建设发展。六是制定出台适宜的茄子采收标准、分级标准、加工标准、包装标准和贮运标准，使茄子产品转化为茄子商品，并在商品的流通中确保按质定价，优质优价，提高商品率，提高生产经营者的经济效益，促进茄子标准化体系的完善。

第二章　茄子的品种选择

第一节　茄子品种选择的原则

选择茄子品种，要掌握如下原则。

第一，根据栽培方式选择品种。一些适合温室、大棚栽培的茄子品种，在露地栽培条件下单产可能很低；同样，适合露地栽培的品种，在保护地内因植株生长过于旺盛，容易造成严重的落花落果而大幅减产。北方地区露地栽培的丰产品种，在南方地区栽培，由于气候的差异，有的也严重减产。因此，不同的栽培方式选择不同的适宜品种，才能取得茄子生产高产高效。一般来讲，栽培时期短应优先选用早熟品种；栽培时期长应选择生长期较长的中、晚熟品种；露地栽培应选用耐热、适应性强的品种；冬春保护地栽培应选用耐低温、耐弱光能力强，在弱光和低温条件下容易坐果，适应保护地小气候环境的茄子品种；越夏延秋栽培应选择生长势强，耐热抗病，适应性强，丰产的中晚熟茄子品种。

第二，参考消费习惯选择品种。选用的茄子品种在果实的形状、颜色等方面应适合销售地的消费习惯。一般来说，南方地区较喜欢紫红色的茄子品种，北方地区则喜欢黑紫色的茄子品种，中部地区则多消费绿色的茄子。就果形来讲，北方地区较喜欢圆形或卵圆形的品种，而南方地区则喜欢长棒形品种。生产者在组织和安排茄子生产时，一定要对销售市场的商品要求做充分的调研，然后再选择相应的品种。

第三，依据栽培季节选择品种。不同的栽培季节所选用的茄子品种不尽相同。冬季温室栽培茄子要求品种有较强的耐弱光、耐低温、坐果率高等特点；春季栽培要求所选的茄子品种早熟性强，耐寒性强；夏秋栽培应选择耐高温能力强，耐潮湿，抗病性强的中晚熟品种。

第四，结合生产地自然灾害和病虫害的特点选择品种。我国幅员辽阔，自然条件差异很大，在某一个地区常常会发生某种特有的病害、虫害、旱灾和涝灾等，要充分注意种植地自然灾害的特点，选用适合本地稳产、高产的品种。目前，我国育种工作者已选育出了不少抗各种灾害与病虫害的茄子品种，以适应生产的要求。在栽培中应根据当地的具体特点，结合每一品种的特性加以选择应用。

第五，注重品种的合理搭配。由于茄子各个品种的适应性不同，所以每个品种都有它的适应地区和适应范围，并不是在任何地方都能发育良好并获得高产，往往一个优良品种在这个地区表现高产，而在另一个地区却减产。因此，在栽培过程中，必须按照当地的自然条件和当地栽培水平以及栽培过程中经常发生的病害等情况，依据各个品种的特征特性合理搭配种植。在一个生产单位，也要做到品种的合理搭配，既能避免品种单一化带来的意外损失，又可避免品种的多、乱、杂，有利于发挥良种的增产作用。品种搭配应分清主次，并以当地主栽品种为主，再选用成熟期不同的品种进行搭配，根据本地的土质、地势、肥水条件等合理搭配，按用途比例进行搭配种植。

第二节　茄子的常规品种介绍

常规品种指群体遗传性基本纯和，主要经济性状相对稳定，可在生产田直接选择优良植株采种繁殖的品种类型。目前生产中优良的常规品种主要有以下几种。

1. 龙茄 1 号

黑龙江省农业科学院园艺研究所育成。植株生长势中等，门茄着生于第七节至第八节上。果实长棒形，长 25～30 厘米，单果质量 150 克左右。果皮白色微绿，肉质细嫩，少籽，品质佳。早熟，抗逆性和适应性较强。适宜北方春季露地和保护地栽培。

2. 富尔长茄 1 号

齐齐哈尔市富拉尔基农业科学研究所选育而成。植株生长势中等，株高 70 厘米，株幅 70 厘米，门茄着生于第六节至第七节上，连续结果能力强。果实长棒形，平均果长 27 厘米，直径 5 厘米，单果质量 100～170 克。果皮浓黑色，果肉细致，籽少，品质好。早熟性强，商品果成熟期 105 天，耐低温，喜肥水，适应性好，及时防治红蜘蛛。适宜黑龙江省各地春季、夏季露地栽培。

3. 吉茄1号

吉林省农业科学院蔬菜花卉研究所育成。植株直立，生长势强，门茄着生于第九节上。果实长棒形，顶端略成鹰嘴状，果长23~25厘米，直径约6厘米，单果质量250克左右。果皮鲜紫色，有光泽，果肉绿白色，肉质细嫩，有甜味，品质中上。中熟品种，耐热，较抗黄萎病。适宜东北地区春季露地栽培。

4. 辽茄2号

辽宁省农业科学院园艺研究所育成。植株直立，生长势较强。门茄着生于第七节至第八节上。果实长灯泡形，长15厘米左右，横径8厘米，单果质量约300克。果皮鲜绿色，有光泽，果肉白色，肉质细嫩，味甜，品质佳。中早熟，抗逆性和适应性较强。适宜北方春季露地和保护地栽培。

5. 棒绿茄

辽宁省农业科学院园艺研究所育成。植株直立，生长势中等，株高75厘米，株幅76厘米。果实长棒形，果顶略尖，纵径20厘米，横径5.5厘米，单果质量250克左右。果皮油绿色，有光泽，果肉白色，松软细嫩，味甜质优。中早熟，抗黄萎病和绵疫病能力较强。适宜在东北、华北、西北和西南等地区露地或保护地栽培。

6. 北京六叶茄

北京市地方品种。植株生长势中等，门茄着生于第六节上。果实扁圆形，纵径9厘米，横径10~12厘米，单果质量400~500克。果皮黑紫色，有光泽。果肉浅绿白色，肉质致密，细嫩，品质好。早熟性强，较耐低温。对绵疫病、褐纹病具有较强的抗性，但易受红蜘蛛、茶黄螨危害。适宜在北京和华北各地春季露地和保护地栽培。

7. 北京七叶茄

北京市地方品种。植株生长势较强，门茄着生于第七节至第八节上。果实扁圆形，纵径10厘米，横径14~16厘米，单果质量500~700克。果皮黑紫色，有光泽。果肉浅绿白色，肉质致密，细嫩，品质佳。中早熟，耐热性较强，抗绵疫病能力较差。适宜在北京和华北各露地和保护地栽培。

8. 北京九叶茄

北京市地方品种。植株高大，生长势较强，株高110厘米，株幅100~110厘米，门茄着生于第九节至第十节上。果实扁圆球形，单果质量1 000克左右。果皮深紫色，有光泽。果肉浅绿白色，肉质致密，细嫩，品质优良。晚熟，耐热性强，较抗寒，但不抗涝。适宜在北京和华北各露地春季晚熟和夏季、秋季栽培。

9. 北京灯泡茄

北京市地方品种。植株生长势中等，门茄着生于第十节至第十二节上。果实长卵形，纵径15~20厘米，横径7厘米，单果质量200克左右。果皮深紫黑色，有光泽。果肉浅绿白色，肉质松软，品质优良。中熟品种，耐热、耐涝、抗病性强。适宜在北京和华北各地露地春季和夏季、秋季栽培。

10. 海花茄一号

北京市海淀区植物组织培养技术实验室用北京六叶茄花培系97-13选育而成。植株生长势中等，株高90厘米，株幅80厘米，连续坐果能力强。果实近圆形，平均单果质量350克。果实黑紫色，有光泽，肉质细腻，微甜，风味佳。早熟性强，丰产，抗病，耐旱。适宜北京地区露地、保护地栽培。

11. 9318长茄

中国农业科学院蔬菜花卉研究所育成。植株直立，生长势强，连续结果性好，单株结果数多。果实长棒形，果长30～35厘米，横径5～6厘米，单果质量250～300克。果色黑亮，肉质细嫩，籽少，风味佳。果实耐贮运。中早熟，适宜在东北、西北及华北地区露地和保护地栽培。

12. 丰研1号

北京市丰台区农业技术推广中心从黑又亮自然群体中经连续单株筛选而成的常规品种。植株生长势强，株高约80厘米，叶片窄小，株型直立，适于密植栽培，门茄着生于第九节上。果实圆形或稍扁，单果质量500～750克。果皮深紫色，有光泽。果肉较致密，细嫩，浅绿白色，微甜，品质佳。较晚熟，耐热、抗涝，抗逆性和适应性较强，对绵疫病、黄萎病、病毒病和茶黄螨有较强抗性。适宜北方各地晚春和夏季、秋季露地栽培。

13. 天津快圆茄

天津市地方品种。株高50~60厘米，株型较紧凑，生长势中等，门茄着生于第六节至第七节上。果实圆球形稍扁，直径20厘米左右，单果质量500克左右。果皮深紫色，有光泽。果肉浅白色，肉质致密，细嫩，品质优良。早熟，耐寒性强。适宜天津和华北各地露地春季早熟和保护地栽培。

14. 天津二民茄

天津市地方品种。株高约70厘米，株型较紧凑，生长势较强，门茄着生于第七节上。果实扁圆球形，纵径约15厘米，横径20厘米左右，单果质量1 000克左右。果皮紫红色，有光泽。果肉白色，肉质细嫩，品质好。较晚熟，耐热性较强。适宜天津和华北各地露地夏季、秋季栽培。

15. 天津牛心茄

天津市地方品种。植株生长势较强，株高90厘米，门茄着生于第七节至第九节上。果实牛心形，单果质量200克左右。果皮紫红色，有光泽。果肉白色，皮薄肉厚，肉质细嫩，品质好。较早熟，耐热性较强。适宜天津和华北各地露地春季、夏季栽培。

第三节　茄子的杂交品种

杂交品种是指由两个遗传性状纯和的亲本，经杂交获得的一代杂种，其群体内经济性状整齐稳定，但遗传性高度杂合，不能直接选择优良植株采种繁殖，必须年年利用亲本杂交制种。目前国内各地都选育了适宜当地栽培的杂交新品种，主要介绍如下。

1. 龙杂2号

黑龙江省农业科学院园艺研究所选配的一代杂种。植株生长势中等，株高 65～68 厘米，株幅 64～68 厘米，第一朵花着生于第七节至第八节上。果实长棒状，果长 25 厘米，果粗 4.5～5 厘米，单果质量 100～150 克。果实黑紫色，光亮，果肉细嫩，松软，品质好。早熟性强，果实生长速度快，抗黄萎病，耐低温弱光。适宜在东北地区早春保护地或露地栽培。

2. 齐杂茄3号

齐齐哈尔市蔬菜研究所育成的一代杂种。株高约 65 厘米，株型较紧凑，生长势较强，门茄着生于第九节至第十节上。果实长棒形，长 25 厘米，粗 4.5 厘米，单果质量 115 克左右。果皮紫黑色，有光泽。果肉绿白，肉质松软，品质好。极早熟，开花至采收只需 15 天左右，产量比龙茄 1 号高 19%。抗黄萎病，不抗绵疫病、褐纹病，要注意防治蚜虫、红蜘蛛。适宜在黑龙江省各地春季、夏季露地栽培。

3. 吉茄4号

吉林省蔬菜花卉科学研究所选配的一代杂种。植株生长势较强，株型半开张，株高 100～110 厘米，株幅 67 厘米左右，坐果率高，门茄着生于第八节至第九节上。果实长棒状，果长 24～30 厘米，果粗约 5 厘米，单果质量150～200克。果实黑紫色，光亮，果肉细嫩，品质好。吉茄4号早熟性强，从定植至始收约35天，丰产、抗病、耐低温弱光。适宜在东北地区早春保护地或露地栽培。

4. 沈茄1号

沈阳市农业科学院选配的一代杂种。植株生长势强，株型紧凑，门茄着生于第九节至第十节上。果实长条形，长25厘米，直径约4厘米，单果质量200克左右。果皮黑紫色，有光泽，果肉白色，松软细嫩，种子少，品质优。中早熟，抗黄萎病能力较强。适宜在东北、华北等地区露地或保护地栽培。

5. 沈茄3号

沈阳市农业科学院选配的一代杂种。植株生长势强，茎秆粗壮，株型紧凑，门茄着生于第九节至第十节上。果实长形，长27厘米，直径约5厘米，单果质量180克左右。果皮紫黑色，有光泽，果肉白色，肉质松软细嫩，品质优。中早熟。适宜在东北地区露地或保护地栽培。

6. 辽茄3号

辽宁省农业科学院园艺研究所选育的一代杂种。植株直立，株型紧凑，株高84.5厘米，株幅52.5厘米，果实椭圆形，纵径18厘米，横径9.5厘米，单果质量250克左右。果皮均紫色，有光泽，商品性好。果肉白色，肉质细腻，含糖量4.9%，维生素C含量6.8毫克/100克鲜重，品质优良。中早熟，抗黄萎病、褐纹病和绵疫病能力较强，适应性好。适宜在东北、华北和西北地区露地或保护地栽培。

7. 辽茄4号

辽宁省农业科学院园艺研究所选配的一代杂种。植株矮壮，生长势中等，株高52.2厘米，株幅66厘米，分枝多，再生能力强。果形长棒形，果实长30厘米，横径6厘米，平均单果质量260克。果皮黑紫色，有光泽，果皮薄、果肉松软细腻，富含19种氨基酸，维生素C含量8毫克/100克鲜重，品质佳。极早熟，从开花至商品果成熟仅需14～18天。经人工接种鉴定对黄萎病、绵疫病抗性都较强。适于喜好紫长茄地区露地春季、夏季及保护地栽培。

8. 丰研2号

北京市丰台区农业技术推广中心选配的早熟一代杂种。植株直立，叶片较稀，株高75厘米左右，株幅65厘米，适宜密植。门茄着生于第六节。果实扁圆形，横径10厘米左右，单果质量约500克。果实黑紫色，有光泽，果肉致密，口感细腻、微甜，品质好，极早熟，比北京六叶茄成熟早7～10天，产量高28.22%～85.17%，较抗黄萎病和绵疫病。适宜在华北、东北、华东、西北等地早春保护地和春季、夏季露地栽培。

9. 早熟京茄1号

北京市农林科学院蔬菜研究中心选育的一代杂种。植株生长势中等，株型直立紧凑，门茄着生于第七节上。连续结果能力强，果实发育速度快，平均单株结果

8~10个。果实近圆球形，单果质量500~700克。果皮紫黑发亮，果肉浅绿白色，肉质细嫩、商品性好，品质佳。极早熟，耐低温弱光能力强，低温下易坐果，果实发育快，畸形果少。适宜东北、华北地区冬春保护地和春季露地栽培。

10. 京茄2号

北京市农林科学院蔬菜研究中心选育的一代杂种。植株生长势强，叶色浓绿，叶片大，茎粗壮，连续结果能力强，果实发育速度快，平均单株结果10个以上。果实圆球形，单果质量500~750克。果皮紫黑发亮，果肉浅绿白色，肉质致密细嫩，品质佳。中早熟，植株再生能力强，不易衰老，抗黄萎病能力强，适应性广。适宜华北地区大棚和露地小拱棚覆盖早熟栽培以及夏季、秋季露地或秋大棚栽培。

11. 京茄3号

北京市农林科学院蔬菜研究中心选育的一代杂种。植株半开张，生长势强，叶片大而浓绿，门茄着生于第七节至第八节上，连续结果能力强，果实发育速度快，平均单株结果8~10个。果实扁圆形，单果质量600~800克。果皮紫黑发亮，果肉浅绿白色，肉质致密细嫩，商品性好，品质佳。中早熟，耐低温能力强，低温下果实发育快，畸形果少，抗黄萎病能力强，适应性广。适宜华北地区春、秋露地和保护地栽培。

12. 京茄10号

北京市农林科学院蔬菜研究中心选育的一代杂种。

植株生长势强，株型直立，叶色浓绿，叶片大，连续结果能力强，结果数多。果实长棒形，果长30~40厘米，直径6~7厘米，单果质量300克左右。果皮紫黑发亮，果肉浅绿白色，果肉淡绿白色，肉质细嫩，品质佳，商品性好。中熟种，抗病性强，适应性广，适宜华北地区露地春季、夏季栽培。

13. 京茄20号

北京市农林科学院蔬菜研究中心育成的一代杂种。植株根系发达，生长旺盛，株高可达250厘米以上，连续结果能力强。果实棒状，纵径25~30厘米，横径5~7厘米，平均单果质量250~350克。果皮皮厚，黑紫色，光滑油亮。果柄和萼片鲜绿色，无刺。果实不易失水，耐贮运性强，货架寿命长，商品性好。果肉浅绿色，细嫩，微甜，品质佳，市场价格高。中熟品种，采收期长，产量高，耐低温弱光，抗病虫能力强，适应性好。适宜保护地长季节栽培。

14. 京茄绿丰

北京市农林科学院蔬菜研究中心选配的一代杂种。植株长势强，株型半开张，叶色浓绿，门茄着生于第八节，连续结果能力强，每株可结果8~10个。果实椭圆形，平均单果质量250~400克。果皮鲜绿色，油亮有光泽，果肉浅绿白色，肉质疏松细嫩，纤维少，商品性好，品质佳。中早熟，耐低温弱光，低温下易坐果，果实发育快，畸形果少，适应性好。适宜北方地区保护地栽培。

15. 圆杂2号

中国农业科学院蔬菜花卉研究所育成的一代杂种。植株生长势强，叶片大而浓绿，连续结果能力强，平均单株结果10～13个。果实圆球形，纵径9～11厘米，横径11～13厘米，单果质量400～750克。果色紫黑，有光泽，肉质致密，细嫩，商品性好，品质佳。中早熟品种，适应性强，耐寒性好。适宜在华北、西北地区保护地以及露地春季和夏季、秋季栽培。

第四节　我国引进的国外茄子品种

1. 布利塔

从荷兰瑞克斯旺公司引进。属长茄类型。植株开展度大，花萼小。叶片中等，无刺。早熟，丰产性好，生长速度快，采收期长。果实长形，果长25～35厘米，直径6～8厘米，单果质量400～450克。果实紫黑色，绿把，绿萼，质地光滑油亮，味道鲜美。货架寿命长。每亩产量18 000千克以上。适宜于冬季温室和早春保护地种植。

2. 尼罗

从荷兰瑞克斯旺公司引进。属长茄类型。植株开展度大，叶片小，早熟，丰产性好，采收期长。果实长形，果长28～35厘米，单果质量250～300克。果实紫黑色，绿把，绿萼，花萼小，无刺，质地光滑油亮，味道鲜美。货架寿命长。

3. 安德烈

从荷兰瑞克斯旺公司引进。植株生长旺盛，开展度大，叶片中等大小。早熟，丰产性好，采收期长，适于不同季节种植。果实灯泡形，直径 8～10 厘米，长 22～25 厘米，单果质量 400～450 克。果实紫黑色，绿把，绿萼，花萼小，无刺，质地光滑油亮，比重大。果实整齐一致，味道鲜美。货架寿命长。每亩产量 15 000千克以上。

4. 东方长茄

从荷兰瑞克斯旺公司引进。属长茄类型。植株开展度大，叶片中等大小，早熟，丰产性好，生长速度快，采收期长。果实长形，花萼中等大小，无刺。平均果长 25～35 厘米，直径 6～9 厘米，单果质量 400～450 克。果实紫黑色，质地光滑油亮，比重大，味道鲜美。货架寿命长。每亩产量 18 000 千克以上。适于冬季温室和早春保护地种植。

5. 月神

从法国威迈种子公司引进。植株生长旺盛，开展度大。叶片中等大小。早熟，丰产性好，生长速度快，采收期长。果实长形，果长 30～35 厘米，直径 4～6 厘米。单果质量 250～300 克。果实紫黑色，绿把，绿萼，花萼小，质地光滑油亮，比重大，味道鲜美。货架寿命长。适于冬季温室和早春保护地种植。

6. 西方长茄

从荷兰维特国际种业有限公司引进。植株生长旺盛，开展度大，叶片中等大小。早熟，丰产性好，生长速度快，采收期长。果实长形，平均果长25厘米，直径5厘米。单果质量350～450克。果实紫黑色，绿把，绿萼，花萼小，无刺，质地光滑油亮，比重大，味道鲜美。货架寿命长。适于冬季温室和早春保护地种植。

第三章　茄子的育苗及栽培技术

第一节　茄子的育苗技术

一、育苗中经常出现的问题及对策

1. 出苗不齐

育苗过程中，同一苗床上有时会出现有些地方苗子已经很高，而一些地方的苗子还没有出土。

（1）出苗不齐的原因：①种子质量差，如成熟度不一致或种子消毒不彻底。②新陈种子混合催芽时淘洗、翻动不均匀。③苗床不平，底水浇得不均匀，湿处先出苗，干处不出苗。④播种后覆土厚薄不一致，厚处生长速度慢，出苗晚。⑤温度、湿度掌握不当。如地热线布线不合理，地热线密集处温度高，出苗快。苗床有的地方覆盖不严漏风而温度低，影响出苗。苗床受光不均，苗床向阳处比背阴处温度高，出苗快。棚膜破损漏雨，或棚膜有皱滴水，局部床土过湿，造成低温高湿，出苗差。⑥床土施入未腐熟的有机肥，带有病菌，或有蝼蛄、蛴螬、老鼠等危害，也会出苗不齐。

（2）出苗不齐的对策：①播前进行发芽试验，选择发芽势强、发芽率高的种子。②浸种催芽过程中，严格把握温度、湿度，勤翻动使种子处于相对一致的环境中，避免烫伤种子。③苗床建在地势较高、排水良好、背风向阳的地块，并配制好营养土，床土要肥沃疏松。④对种子和床土进行严格的消毒处理，利用药土保苗，减少病、虫、鼠害。⑤播种均匀，覆土厚薄一致。⑥加强管理，播前苗床底水要浇足，播种后加强管理，使苗床各部位的湿度、温度、透气性保持一致，棚膜采用无滴膜，扣棚时棚膜拉展，防止起皱。

2. 顶壳出土

所谓顶壳或戴帽是指茄子育苗时，常发生幼苗出土后种皮不脱落，像戴了一顶帽子，子叶无法伸展的现象。

（1）顶壳出土的原因：①播种后覆土太薄，种皮受压太轻或覆土后未用薄膜、草苫覆盖。②从播种到出苗期间湿度不够。播种时底墒不足，覆土容易失水变干，致使种皮干燥发硬。③覆盖物撤除不当。幼苗顶鼻后，过早去掉薄膜、草苫等覆盖物，或晴天中午去掉，使种皮难以脱落。④播种时种子用量太大，播种过密，先发芽的部分种子将表土整块顶起，而后发芽的种子因受压力不够，易造成戴帽现象。⑤种子质量差，播种使用不成熟的种子或陈种子，或受病虫害侵染的种子，种子的发芽势弱，顶壳能力差，出现戴帽出土。

（2）顶壳出土的对策：①播种前苗床浇透底水，播种后覆土均匀一致，厚薄适当，及时用薄膜或草苫覆盖，保持土壤湿润，土壤疏松透气，种皮柔软易脱。

②若表土过干，可以用喷雾器适当喷洒清水，再薄撒一层湿润的过筛细土，使土表湿润，增加压力，帮助子叶脱掉种皮。③播种时种子平放，使种子发芽时种壳受到较大土壤的阻力，种皮均匀吸水，子叶容易破皮而出。④对少量戴帽的秧苗可用喷雾器于傍晚放苫之前将种壳喷湿，让籽苗夜间脱帽，少量的也可进行人工去帽。

3. 沤根

也称“烂根”。幼苗根部生锈，不长新根，严重时根系表皮腐烂坏死，幼苗枯萎。

（1）沤根的原因：①床土温度过低，湿度过大，造成土壤透气性差，根系缺氧，吸水能力下降。②光照不足，造成根压小，吸水力差。

（2）沤根的对策：①保持合适的土壤温度、湿度，加强通风换气。关注天气预报，温度低时不要浇大水，最好采用喷雾器喷淋或小水浇。选晴天上午浇水，保证浇后至少有 2 天晴天，连阴天忌浇水。②增加光照。按时揭盖草苫，阴天也要及时揭盖，充分利用散射光。③加强炼苗，注意通风，只要气温适宜，连阴天也要放风，培育壮苗，促进根系生长。④合理配制床土，改善育苗条件。⑤一旦发生沤根，及时通风排湿，增加土壤的蒸发量；中耕松土，增加土壤的透气性；或在苗床上撒施草木灰加 3% 熟石灰，同时喷施高效叶面肥补充营养。

4. 烧根

烧根时，根尖发黄，不长新根，但不烂根，地上部分生长缓慢，植株矮小脆硬，不发棵，叶片小而皱，易形成小老苗。

(1) 烧根的原因：①有机肥未充分腐熟，或与床土未充分过筛拌匀。②局部施肥过多，土壤溶液浓度过大。③土壤干燥，土温过高。

(2) 烧根的对策：①选用充分腐熟的有机肥均匀配制床土，不施用过多化肥，一定要控制肥料施用量。②浇水要适宜，保持土壤湿润，出现烧根的，适当多浇水，降低土壤溶液浓度，并视苗情增加浇水次数。③适度降低土壤温度。

5. 高脚苗

茎细，节间长，叶少，叶片薄而且大，叶色黄绿，组织柔嫩，根系不发达，抗病力及抗逆性差，光合水平低，定植后缓苗慢，成活率低。

(1) 高脚苗的原因：①播种密度过大，秧苗相互拥挤而徒长。②光照不足，夜温过高，氮肥和水分过多。③苗出齐前后温度管理不善，苗床温度过高。

(2) 高脚苗的对策：①保持棚膜洁净，提高透光率，增强光照，尽量少用遮阳网。②及时通风，适当降低夜温，使夜温保持在15～18℃，严格控制湿度。③稀播，及时间苗、分苗，增大秧苗的生长空间，防止秧苗拥挤。④氮肥、磷肥、钾肥配合使用，运用生长抑制剂控制徒长。

6. 小老苗

植株生长缓慢或停滞，矮化，根系老化生锈，新根发育少，茎节间短，叶片小而厚，叶色深，暗绿，无光泽，组织脆硬无弹性，定植后发棵慢，生长势弱，产量低。

（1）小老苗的原因：①床土过干，炼苗控制水分过度。用育苗钵育苗时因与地下水隔断，浇水不及时而造成土壤严重缺水，使得秧苗老化。②床温过低，苗龄过长，营养不足，加剧了秧苗老化。

（2）小老苗的对策：①严格掌握好苗龄，培育适龄秧苗，推广以温度为基点、控温不控水的蹲苗技术。②蹲苗要适度，低温炼苗时间不能过长。③水分供应适宜，浇水后及时通风降湿。发现老化苗，除注意温度、湿度正常管理外，每平方米苗床可喷施 10～30 毫克/升的赤霉素溶液加 0.2%～0.3% 磷酸二氢钾溶液，或喷施叶面宝等叶面肥增加植株的营养，以刺激秧苗生长，使其尽快恢复。

7. 闪苗和闷苗

茄子秧苗不能迅速适应温度、湿度的急剧变化，而导致突然失水，造成叶缘干枯，叶片变白，甚至叶片干裂。通风过猛、降湿过快的称为闪苗；升温过快、通风不及时所造成的凋萎，称为闷苗。

（1）闪苗和闷苗的原因：前者由于猛然通风，苗床内外空气交换剧烈，引起床内湿度骤然下降；后者是低温高湿、弱光下营养消耗过多，抗逆性差，久阴骤晴，升温过快，通风不及时而造成。

（2）闪苗和闷苗的对策：①通风应从背风面开口，通风口由小到大，时间由短到长。②阴雨天、阴雪天尤其是连阴天后骤晴，应揭花苫，慢慢加大光照。③用0.2%磷酸二氢钾溶液等根外追肥有助于缓解闪苗、闷苗症状。

8. 冷害苗和冻害苗

冷害苗是秧苗遭受0℃以上低温，引起茄苗的生理障碍，致使受伤甚至死亡。而冻害苗是指秧苗遭遇0℃以下低温而引起幼苗茎基部冻伤、死亡。

（1）冷害苗和冻害苗的原因：冷害是棚室内较长时间处在10℃以下低温，秧苗原生质活动减缓或停止，吸收能力和蒸腾速率明显下降，光合速率减弱，呼吸加强，幼苗的有机物分解加剧。而冻害是由于棚室内温度低于0℃以下，引起秧苗组织、细胞内结冰，破坏膜结构而引起的伤害。

（2）冷害苗和冻害苗的对策：①改进育苗手段，采用人工控温育苗，如电热温床育苗等。②在寒流来临前要加强夜间保温措施，如加盖草苫，覆盖纸被，加盖小拱棚等，并尽量保持干燥，防止雨雪淋湿，必要时采取加温措施如生炉火等。③适当控制浇水，合理增施磷肥，提高秧苗的抗寒能力。④对冻害苗喷施营养液，营养液配方为：禾欣液肥30毫升加白糖250克、赤霉素1克、生根粉0.3克，对水15升。

9. 倒苗

最常见的倒苗是由猝倒病引起的，因根茎处缢缩而倒伏，湿度大时，病部出现白色或淡褐色霉状物。

（1）倒苗的原因：①播种过密，间苗不及时，秧苗长时间处于光照不足、通风不良的环境中。②苗床过湿，连续阴雨，有利于多数病原菌的发生和蔓延。③营养土未消毒或消毒不彻底，施用未腐熟的有机肥。

（2）倒苗的对策：①对床土、种子消毒处理，选用腐熟有机肥，减少接触病原菌的机会。②播种不能过密，播后用药土覆盖，及时间苗。③疏松床土，控制浇水，经常在苗床上撒干草木灰或细土来降湿。④结合药剂防治，先带土清除病苗，再用75%百菌清可湿性粉剂800～1 000倍液，或50%多菌灵可湿性粉剂800～1 000倍液，或65%代森锌可湿性粉剂800～1 000倍液喷施，7～10天1次，连喷2～3次。

10. 药害

茄子苗期是对农药较为敏感的生育期，耐药性较差，很容易发生药害而出现斑点、焦黄、枯萎甚至死亡。

（1）药害的原因：①错用农药或不恰当混用药剂等。②用药浓度过高或浓度正确但使用频繁，用药间隔期不够。③施药时气温高，湿度大，光照强。

（2）药害的对策：①正确选用农药品种，不乱混、乱用，随配随用，施用浓度和次数要适当。②用药时要看天、看地、看苗情，避过不利天气、不良墒情、不壮苗情。③施药喷洒要均匀，不重喷，不漏喷。④出现药害后，及时加强肥水管理，以缓解药害。

11. 气(烟)害

育苗中叶片出现水渍状斑，叶内组织白化，多褐斑并最终枯死的现象。多由肥料中的毒气，如氨气、亚硝酸气体；燃料中的毒气，如二氧化硫、一氧化碳；塑料膜中的毒气，如乙烯、氯气等造成。

(1) 气(烟)害的原因：①施肥不当，有机肥未腐熟或施用化肥撒施未埋，当气温高时放出氨气毒害茄苗。②加温时燃煤中的烟气漏出；塑料膜及塑料制品中的增塑剂中所含沸点低、未反应的醇、烯烃、醚等有毒气体，在使用过程中放出。

(2) 气(烟)害的对策：①合理施肥，有机肥料必须经过充分发酵腐熟，避免一次施用过量的速效氮肥，不施碳酸氢铵、硝铵等易挥发氨的肥料。②加温时使用优质煤并防止烟道漏烟；选用优质农膜，及时通风换气或更换农膜；经常检查，如用精密 pH 试纸检测，及时采取防护措施。

二、播前种子处理技术

种子处理的效果主要表现在以下几个方面。

第一，提高种子的活力。种子活力是指种子健壮度，它包括迅速、整齐萌发的发芽潜力和生产潜力。对于提高和保持种子活力的处理，应在种子形成发育成熟过程、采前采后、贮藏过程、播种前这 4 个主要时期采取措施。

第二，防止病虫害的传播。种子处理可使种子和幼苗免遭栖居土壤中的病原菌的侵袭，亦可控制种子表面携带的病菌。

第三，打破休眠。种子处理可打破种子两种形式的休眠，一是因种皮坚硬不能正常吸水而产生的休眠，二是因种子内部的生理状态所造成的休眠。

第四，促进种子发芽。通过种子处理可促进发芽，使其在较短的时间内达到最大的出苗率，主要采取水分、生长调节剂及种子丸粒化时加入营养物质等处理方法。

第五，适应机械化精播。茄子种子体积小，通过丸粒化技术可以改变种子的形状和大小，做成整齐一致的小球状，便于解决工厂化育苗的精量播种。

（一）超干贮藏

种子超干贮藏是指把种子含水量降低至传统的5%安全含水量的下限以下进行常温贮藏。研究表明，超干处理对于提高种子贮藏性能及种子的活力具有一定的增效作用。

（二）晒种

播种前将种子摊晒1～2天，对增强种子活力，提高发芽率、发芽势，加速发芽和出苗都具有显著效果，还兼有一定的杀菌消毒作用。用陈种子播种，播前晒种，其效果尤为明显。

（三）种子消毒和浸种

茄子种子表面常带有许多病菌，播前采用种子消毒很有必要。种子消毒主要是为了杀死附着在种子表面的病菌，是防病的重要措施，通常结合浸种进行，可用以下方法消毒。

1. 温汤浸种

先用清水浸种10分钟，漂出瘪籽。然后用55℃温水浸泡15分钟，并不断搅拌以起到消毒杀菌作用，待水温下降至30℃后正常浸种。由于茄子种皮较厚又有黏液，吸水缓慢，消毒后清水浸种时间要稍长一些，需用20~30℃水浸泡12~24小时，而且在浸种过程中要不断搓洗种子，并换水把黏液除掉，可加快吸水，有利于整齐出芽。

2. 药液消毒

用药液浸种消毒前，应先将茄子种子放在清水中浸泡5~6小时，然后再用药液浸泡。从药液中捞出后应用清水反复冲洗干净，沥水后即可催芽。不同的药液浸种可以防治不同的茄子病害。

（1）甲醛液浸种　茄子种子用清水浸泡后捞出，放在40%甲醛100倍液中浸泡15~20分钟，取出后用湿布包好闷2~3小时，用清水洗净后即可催芽。此法可预防茄子的绵疫病等病害的发生。

（2）磷酸三钠浸种　把茄子种子用清水浸泡后捞出，放在10%磷酸三钠溶液中浸泡15~20分钟，取出用清水淘洗干净后浸种催芽。此法可消灭携带在种子上的多种病毒，防治茄子的病毒病。

（3）高锰酸钾浸种　把茄子种子用清水浸泡后捞出，放在1%高锰酸钾溶液中浸种10~15分钟，用清水冲洗干净后浸种催芽。此法可防治溃疡病等细菌性病害及花叶病毒病等病害。

（4）次氯酸钠溶液浸种　把茄子种子用清水浸泡后捞出，放在1%次氯酸钠溶液中浸泡5~10分钟，取出用清水淘净后催芽。此法可防治绵疫病等。

（5）农用链霉素浸种　把茄子种子用清水浸泡后捞出，放在200毫克/升农用链霉素中浸泡30分钟，取出用清水洗净后催芽。此法可防治茄子青枯病。

（6）硫酸铜溶液浸种　把茄子种子用清水浸泡后捞出，放在1%硫酸铜溶液中浸泡5分钟，取出用清水洗净后催芽。此法可防治细菌性斑点病。

3. 药剂拌种消毒

将浸泡5~6小时的种子捞出，晾至能散开时，用种子质量0.3%的福美双、克菌丹等农药的可湿性粉剂拌种，使种子表面均匀附着一层药剂，即可播种。用药剂拌种后的种子，通常不进行催芽，要采用直播，可防治猝倒病。

（四）催芽

催芽过程主要是满足茄子种子萌发所需要的湿度、温度和氧气条件，促使种子中的营养物质迅速分解转运，供给种子幼胚生长需要而快速发芽。在25~30℃下催芽，5~6天即可出芽，若采用每天16小时30℃和8小时20℃变温催芽，可加快出芽速度，提高出芽整齐度。为了播种后出苗比较整齐，也可以干籽或浸种后直接播种。

常用的催芽方法有以下几种。

一是体温催芽法。种子量少时可用此法。浸种后捞出种子甩去表面水分，用纸或纱布包好，外面再包一层塑料薄膜，放在贴身的衬衣口袋中，每天检查1次，种子30%露白即可播种。

二是电热毯催芽法。种子量大时可采用此办法。首先在电热毯的一半上铺一层塑料薄膜，然后再放一层纸或纱布，将浸泡过的种子沥去多余的水分，摊在纸或纱布上，厚1~2厘米，种子上盖一层纸或纱布，再盖一层塑料膜，然后再将电热毯的另一半折回盖上。将温度表横插在种子处，最后插上电源，将电热毯的开关定在低温度指标处即能保持催芽所需的温度。催芽过程中如发现种子发黏，应立即用清水冲洗种子，一般每天清洗1次，并用手翻动2~3次，以使种子受热均匀。

三是瓦盆催芽法。种子浸泡后捞出，将种子与等量细沙均匀混合，用温水浸湿，再用湿布包好，放在底部用木棍垫起悬空的瓦盆中，置于25~30℃的温度条件下催芽。在催芽期间每天用清水淘洗1~2次，并翻动数次，保证种子发芽过程中有充足的水分和空气。当多数种子破嘴露白时，即可播种。

四是发芽箱催芽法。将消毒处理过的种子用湿布包好，放入催芽盘中，上面覆盖2~3层湿毛巾，将催芽盘放入发芽箱内，发芽箱温度调至25~30℃，每天翻动1次。此法适用于育苗量较大、设施条件先进的育苗专业户、商品苗生产中心和育苗工厂等。

三、不同季节育苗技术

（一）冬春季育苗技术

1. 播种

首先要依据品种的特征特性、当地的气候条件和设施条件确定定植期，再依据茄子的适宜苗龄（苗龄过大易形成老化苗，过短则达不到所要求的生长发育程度），推算出播种期。一般来说，在适宜的条件下，早熟品种的最适苗龄65～75天，中熟品种80天左右，晚熟品种90天左右，用种量为每亩50～70克。一般在12月中旬至翌年的1月上旬播种。

冬春季播种宜选在晴天进行。播种前苗床土用清水充分浇透，待水渗完后，将露白种子均匀撒播，每平方米播种10～15克，播完后覆过筛细土厚约1厘米，用地膜紧贴地面覆盖好，四周压紧，不留缝隙，在出苗前无需浇水。

2. 播种床的管理

冬春季育苗正处在严寒季节，各种育苗设施要盖严保温，电加温温床要通电升温，有辅助加温设备的日光温室可适当加温，以保证出苗所需的热量。

（1）温度管理　播种后保持白天气温28～30℃，夜间保持在18～20℃，5～6天后即可出苗。开始出苗后，应随时注意棚室内温度变化以防烧苗。当中午气温较高时，用竹竿平放在膜下面，使膜与苗之间有2～3厘米高的空间。当出苗80%时，搭起50厘米高的小拱棚，每畦1个拱棚，以降低地面的温度和湿度，避免长成高脚苗。上午9～10时揭开草苫；下午17时以后在小拱棚膜外加盖厚草苫，提高棚内温度，防止夜间低温冷害。如果连续几天低温，可在上午11时以后将小拱棚两端中避风一端的膜略微掀起，通风换气10～30分钟，下午14时将草苫盖在棚膜上。随着幼苗长大，白天应将通风换气时间逐渐加长，通风量也逐渐加大，通过半掀或全掀一端或两端的膜进行调节。在棚内气温与棚外气温相同时（上午11~12时），先将拱棚两端的膜掀起一半，外界气温逐渐升高后将两端膜同时掀起，通风降温。白天棚内最高温度不高于32℃，夜间不低于10℃，极端低温不低于5℃。

子叶至真叶破心期不易徒长，直至分苗前，维持18~20℃低温，白天气温25~28℃，夜间15~17℃，不能低于15℃。如果床土过干，可浇1次水。平时以保水为主，防止低温多湿引起猝倒病的发生。

（2）肥水管理　出苗后苗床不可多浇水，宁干勿湿，避免浇水过多引起低温高湿，不利于幼苗生长。如缺水可浇小水，结合浇水可施少量复合肥，浇水宜选在晴天上午10~11时进行。如果茄苗叶片有发黄现象，说明缺肥，应缩短施肥间隔期。土壤过干或苗略萎蔫时，选在晴天的早上或下午及阴天中午用喷壶喷施适量清水，气温过低时不能喷水。

（3）病虫草害防治　结合每次施肥或浇水人工拔除杂草，及时喷施杀菌、杀虫剂，应避免中午气温最高时喷施，以免造成药害。可选择百菌清800倍液、甲基托布津800倍液、杀毒矾500倍液等广谱性杀菌剂防治猝倒病等苗期病害。可选择阿维菌素等杀虫剂防治斑潜蝇。苗长至2叶1心即可分苗。

3. 分苗

分苗的作用在于改善幼苗的土壤营养条件和光照条件，确保幼苗的正常生长，同时也有利于淘汰弱苗、病苗、杂苗，使幼苗生长整齐一致。分苗宜小不宜大，有利于提高成活率，一般在2叶1心时进行。分苗前要低温炼苗2~3天，分苗方法有苗床分苗和营养钵分苗两种。分苗到苗床上时，苗距为8~10厘米×10厘米。分苗到营养钵最好，要求钵的上口径要达到9~10厘米。

分苗宜选择“暖头寒尾”的晴天进行，尽量争取分苗后有数天温暖的日子，至少有3个晴天。分苗前1~2天要浇“起苗水”，以便起苗时减少伤根。分苗时，要注意栽苗深度，以子叶露出床面为宜。营养钵分苗一般一钵一苗。苗床分苗时用小铲开一深4~6厘米的沟，按8~10厘米距离摆放幼苗，封少量土以压根，然后浇水，待水渗下后，再封土，以子叶刚露出地面为宜。

4. 分苗床的管理

根据分苗后幼苗的生长状况和栽培管理的特点，可把分苗床管理分为缓苗期、幼苗旺盛生长期和炼苗期3个阶段。

（1）温度管理　分苗后1周内称为缓苗期，此期可保持较高温度，以利于生根缓苗，一般地温18~20℃，气温白天保持在28~30℃，夜间20℃左右，如果地温低于16℃，则生根缓慢，长期低于13℃，则停止生长，甚至死苗。

缓苗后至成苗期进入旺盛生长期，茄苗容易发生徒长，此期温度要适当降低，苗床温度可比前期稍低些。主要降低气温，一般白天20～25℃，夜间15～18℃，以保持秧苗健壮，防止徒长。棚内温度超过30℃可适当揭开部分薄膜通风降温，下午17时前后要关闭风口。

定植前为增加幼苗对早春低温、干旱等不良环境的适应性，提前10天左右开始低温炼苗，白天温度降至15～20℃，夜间10～12℃，在秧苗不受冻的情况下，夜温可尽量低些。低温炼苗要逐步进行，以免幼苗受冻害或冷害，低温锻炼时，白天逐步揭开覆盖物，逐步加大通风量，定植前3～5天夜间去除覆盖物，使幼苗处于与露地相一致的环境下，不可使温度骤然降低。如果是小拱棚春提早栽培或大棚早春栽培，定植地环境条件较好，可不强调炼苗。

（2）肥水管理　分苗后到新根长出以前，一般不浇水，心叶开始生长后，可根据床土墒情于晴天上午浇水。幼苗定植前15～20天，可结合浇水追1次速效化肥，如硝酸铵与磷酸二氢钾2：1混合500倍液浇灌苗床。每次浇水后要给苗床适当松土，但注意不可伤及根系。如果采用营养钵分苗，应旱了就浇，控温不控水，浇水后也无需中耕。成苗期叶面喷施速效肥料则有明显壮苗作用。

（3）光照管理　分苗后的2～3天，在中午光照较强时，盖花苫进行短时间遮光，以防幼苗失水萎蔫，造成缓苗时间过长。缓苗后，由于分苗床更需充分见光，设在温室或大棚内的苗床的棚膜必须在白天尽量揭开，特别是阴天时，只要温度适宜，不会发生冻（冷）害的情况，就要揭开膜进行见光。

（4）囤苗　采用苗床分苗法，定植前必须用栽铲将苗土切开进行囤苗。方法是在定植前 4～6 天，浇水切坨起苗，将苗坨就地码放整齐，土坨之间要撒些细湿土填缝，以减少水分蒸发。囤苗期间，幼苗断根处可萌发许多新根，定植后新根继续生长，可加快缓苗。囤苗时间不宜过长，否则土坨干硬，使根系老化，叶片脱落，起不到囤苗的作用。营养钵分苗，应在定植前 2～4 天浇 1 次水，定植时做到不散坨，避免伤根，以保证秧苗质量。

5. 防止分苗时死苗的措施

提高床土温度，保证幼苗对温度的需求，床土温度不低于 13℃。保证配制床土（营养土）时所用的农家肥是已充分腐熟或是放置多年的陈粪，并要过筛拌匀。起苗时尽量多带土，少伤根，随分随起，不要一次多起苗而长久放置。分苗时边分边覆盖小拱棚膜并加盖花苫。在分苗前，将分苗床药剂处理，每平方米苗床用 10 克苗菌敌，以消灭床土中的病害虫源。

（二）夏秋季育苗技术

夏秋季育苗，由于受高温、强光、暴雨、病虫害高发等众多不利因素的影响，对培育茄子壮苗极为不利，而秋茬、秋延后栽培，均需在夏季育苗。培育高质量的茄子秧苗，必须掌握以下关键技术。

1. 苗床准备

（1）苗床选择　夏季育苗床应选择地势平坦高燥、排水良好、土壤肥沃的土地。

（2）营养土的配制　先用肥沃且3年内未种过茄科作物的田园土，将充分发酵腐熟的有机肥过筛后，按土肥比6∶4的比例混合均匀。然后，在每立方米营养土中掺入50%托布津或多菌灵80克，或2.5%敌百虫80克，以杀灭病虫。然后将配制好的营养土填装入塑料钵或纸钵中。

（3）苗床制作　夏季育苗最好采用高畦，畦高一般为5～10厘米，宽约1米，畦面要平整。做好畦后，将塑料钵或纸钵排于畦上，钵与钵之间用细沙填实。最后，于苗床四周挖好排水沟。

2. 播种技术

（1）种子处理　夏季育苗易发病，必须做好种子消毒工作，以免种子带病。种子消毒可用10%磷酸二氢钠溶液于常温下浸种20分钟或用1%高锰酸钾溶液浸种15分钟，捞出后用清水冲洗干净，然后催芽。也可以不催芽，清水浸种后，可用70%敌克松粉剂拌种，用药量为种子量的0.1%～0.3%，拌完后即可播种。

（2）选好播种时间　夏季育苗，要根据品种的特性，选好播种时间，以免幼苗出苗即遇高温、暴晒。让幼苗出土恰好在傍晚，这样经一夜生长，白天对高温、强光耐性相对强些。

（3）精细播种　在播种前1天下午或当天上午灌足

底墒水，播种时，在营养钵中央挖 0.3 ~ 0.5 厘米深的一个浅穴，每穴播 3 ~ 4 粒种子，随即在种子上面撒一层细湿土，把种子盖上。如果未采用营养钵育苗的，待苗床播种完毕，均匀撒盖细湿土，覆土厚度为 1 ~ 1.5 厘米。播种后，在苗床上每隔 1 米左右插一拱杆，做成小拱棚，上覆银白色或黑色遮阳网，既可减轻强光高温危害，又能避蚜，减少病毒传播。同时，要备好塑料薄膜，在暴雨到来前及时覆盖，以防雨水击打苗床或幼苗。

3. 苗床管理

（1）及时间苗、定苗　夏季温度高，若秧苗拥挤，非常容易徒长，所以要及时间苗、定苗，每钵选留 1 ~ 2 棵健壮秧苗。夏季所用营养钵直径可适当大一些，一般选用 10 ~ 15 厘米的。

（2）适当遮阴　夏季光照过强，容易使茄子幼苗灼伤，前期适当在防虫网上遮花阴，后期逐渐减少遮阴物。

（3）覆盖薄膜和防虫网　在暴雨到来之前，及时盖好塑料薄膜，要盖严压实，暴雨过后及时揭除。防虫网早期要全部覆盖，后期可视天气逐渐卷起。

（4）控制水量，防止徒长　夏季温度高，若水太多，幼苗极易徒长，所以应控制浇水。掌握不旱不浇，旱时喷洒轻浇，保持苗床见干见湿。苗床喷水后及时封土，以降低湿度，减轻病害。关注天气变化，大雨将至时盖膜防雨，并利用苗床周围排水沟及时排水，严防苗床积水。

(5) 及时喷药，防蚜防病　夏季蚜虫危害严重，如不及时防治，易引发病毒病，所以应给予足够重视。若有蚜虫发生，可用灭扫利乳油、功夫乳油、天王星乳油等药剂防治。喷洒时，应注意使喷嘴对准叶背，将药液尽可能喷射到蚜体上。

在夏季，苗期最易发的病害是猝倒病、立枯病和病毒病，要及时防治。对于猝倒病、立枯病，可用72.2%普力克水剂800倍液，或15%恶霉灵水剂450倍液等药剂防治。对于病毒病，除防治蚜虫外，可用20%病毒A可湿性粉剂500倍液，或1.5%植病灵乳剂800倍液等药剂防治。

(6) 适当化学控制　由于夏季高温，不利于茄子的花芽分化，可适当进行化学控制。茄子可在3片真叶期喷100毫克/千克助壮素或1 000毫克/千克矮壮素，7天1次，共喷2次。

(7) 及时倒钵　在定植前10～15天倒钵1次，适当加大钵间距离，促苗健壮。

第二节　茄子的栽培技术

一、茬口安排

(一) 茄子轮作的原则

茄子病菌在土壤中存活的年限较长，造成的危害严重，因此，通常轮作必须进行3年以上。

茄子不能和同科蔬菜进行轮作，因为它们具有相同的营养需求和相似的病虫害。在实际生产中安排茬口时应掌握以下原则。

第一，与吸收土壤营养不同、根系深浅不同的作物轮作。如与浅根性叶菜类、葱蒜类等轮作。

第二，与互不传染病虫害的作物轮作，这样能使病虫失去寄主或改变生活条件，达到减轻或消灭病虫害的目的。茄子与小麦等农作物轮作，有利于控制土传病害，对茄子黄萎病是行之有效的措施。

第三，与能改良土壤结构、增强土壤肥力的作物轮作，如与豆科作物轮作。通过合理间作套种，能够充分有效地利用光能与地力、时间与空间，形成相互有利的环境，尤其是保护地茄子的合理间作套种在生产上有重要意义。

（二）茄子露地和保护地栽培茬口安排

茄子喜温怕热，怕霜冻，因此露地栽培时，只能在当地无霜期的季节里种植。露地栽培茄子根据播种期和栽培时间分为春露地栽培（春茬）和越夏栽培（夏秋茬）。

日光温室茄子主要分秋冬茬、越冬茬、冬春茬 3 个茬口。由于各地的环境条件、日光温室的设施状况以及市场情况的不同，应根据自己的实际情况安排好适宜的茬口。

越冬茬采果期最长，产量高，产品季节差价大，经济效益和社会效益明显。此茬茄子最早可在 8 月上中旬育苗，最晚在10月下旬播种，如果播种时间为后者，则在12月下旬定植，翌年3月上中旬开始采收，6月下旬至7月下旬拉秧。如果拉秧早，可加种一茬玉米，既可增产，又可利用玉米吸收土壤中多余的营养，尤其是氮肥，从而减轻或避免土壤盐渍化。

冬春茬育苗期处于温度偏低、光照弱、日照短的冬季，定植后环境条件比较适宜，所以此茬茄子宜定植大龄壮苗，使其提早进入采果期。一般于10月下旬至11月中旬播种，翌年2月中下旬定植，3月下旬开始采收，7月底拉秧。如果采用遮光措施，可一直采收到10月下旬。

秋冬茬供应期处在露地茄子结束的秋季和冬季日光温室茬茄子供应的衔接期，市场价格高，经济效益明显。一般于7月上中旬播种，苗期较短，在7月底8月初定植，10月中旬采收，12月上旬至翌年1月拉秧。

大棚、中棚茬口：春茬在北方需提前80~90天育苗，中原地区单层覆盖大棚在3月中下旬定植，多层覆盖在3月上旬定植。南方地区一般在9月下旬至10月上中旬大棚冷床育苗，11月至12月初或翌年2月底至3月初定植，4~5月始收。

二、施肥技术

（一）茄子的施肥原则

1. 多施基肥、勤追肥

依据茄子生育周期长、需肥多、根系深的特点，应尽量多施和深施基肥。茄子适宜勤追肥，茄子对氮、磷、钾的吸收量随着生育期的延长而增加。苗期对氮、磷、钾三元素的吸收量不到总吸收量的1%，一般每亩施40～45千克硝酸钾作基肥即可。开花后吸收量逐渐增加，盛果期吸收量最高，占总吸收量的2/3。茄子的开花结果期很长，能连续结果，所以增产潜力大，其中四门斗时期结果较多，需要的养分也较多，是茄子的最大养分期，需多次追肥。所以在门茄瞪眼到四门斗收获后这段时期，应每隔10天追1次硝酸钾，追肥量为每亩20千克，方法有沟施、条施、撒施或冲施。追肥采用少量多次的施用方法，切忌一次施入大量的化肥，尤其是氮肥。

2. 以氮肥为主，钾、磷配合施用

茄子需充足的肥料，以氮肥为主，钾、磷配合施用，比单施氮或单施磷能促进花芽分化。茄子对氮肥的要求多，钾肥次之，磷肥较少。若氮肥不足，对植株发育的各阶段均引起不良影响，如苗弱晚发，开花延迟，花数减少，果实膨大速度慢，果实小而少等。在开花期、结果盛期，需大量的钾肥和氮肥。幼苗期氮、磷、钾供应充足，可明显改善营养条件，促进苗壮早发，使开花结果期提前。

3. 微肥施用不可少，以喷施为好

茄子生长不仅需要大量元素，微量元素也是必不可少的。如缺钙会诱发脐腐病；缺少硼肥会使花发育不良，生长点烂掉。若土壤中缺镁或施用氮肥、钾肥过量时，破坏元素间的平衡，根系不能正常吸收镁而诱发缺镁症。土壤缺镁时可在基肥中加白云石或钙镁磷肥。缺镁初期每亩要及时追施25千克硫酸镁，或叶面喷施0.1%~0.2%硫酸镁，每周1次，共3次。

（二）茄子不同栽培条件下的施肥技术

1. 露地栽培茄子的施肥技术

茄子生长结果时间长，根深叶茂，是需肥多而又耐肥的蔬菜作物，在苗期多施磷肥，可以提早结果，配施钾肥可以增加产量和提高品质。因此，茄子露地栽培要施足基肥，分期追肥，追肥以速效氮肥为主，配施磷肥、钾肥。现将施肥技术介绍如下。

（1）施足基肥　茄子基肥宜用迟效性肥料，每亩施有机肥5 000千克，加氮磷钾复合肥（15—15—15）25千克撒施地表，而后将土壤翻耕，整畦，移苗定植。

（2）分期追肥　①催果肥。定植缓苗后，花逐渐开放，当门茄达到瞪眼期，果实开始迅速生长，整个植株进入果实生长为主的时期。茎叶也开始旺盛生长，需肥量增加。此时进行第一次追肥，称为催果肥，这是关键施肥时期。催果肥用量，每亩可施硫酸铵30~40千克，或尿素15~20千克，穴施或沟施，施后盖土、浇水。②盛果肥。当对茄果实膨大，四门斗开始发育时，是茄子需肥的高峰期，这时再进行第二次追肥，即盛果肥。以速效氮肥为主，配施磷肥、钾肥，还要注意叶面追施钙、硼、锌等中量及微量元素肥料。结合浇水，每亩追施腐熟的稀粪尿1 000千克或磷酸二铵20~30千克。③满天星肥。第二次追肥后至最后一次采收前10天，每一层果实开始膨大时，约每隔 10 天左右追施 1 次，共追 5 ~6 次肥。化肥和稀粪尿交替使用最佳。

（3）根外追肥　从盛果期开始，可根据长势喷施 0. 2% ~0. 3% 尿素、0. 2% ~0. 3% 磷酸二氢钾、0. 1% ~0. 2% 硫酸镁等肥料。一般 7 ~10 天 1 次，连喷 2 ~3 次。

2. 棚室栽培茄子施肥技术

棚室栽培茄子各个时期施肥除和露地相似之外，不同之处有以下几点。

（1）调控基肥和追肥，增施有机肥　有机肥可提高土壤的保水保肥能力，又能调节平衡土壤的酸碱度以及避免土壤因集中供肥发生肥害。一般基肥应占总投肥量的 60%，基肥施用的磷可占到整个生长周期的 70%，而优质农家肥、厩肥每亩不宜超过 5 000 千克。

（2）禁止浅层追肥　棚室种植由于密封性能较好，浅层追肥或撒施肥料，极易使挥发的肥料对蔬菜产生危害。因此，追肥时一定要穴施或条施，深度为 5 ~6 厘米，另外还要和茄子根系保持 8 ~10 厘米的距离。

（3）适温追施氮肥　追施氮肥应选择在晴天中午前后进行，过早过迟都会由于温度低而降低追肥效果。追施氮肥时最好用 0. 5% ~1% 浓度的尿素溶液于 15℃ 以上时进行根外追肥。

（4）增施二氧化碳气肥　大棚茄子在定植后 7 ~10 天（缓苗期）开始施用二氧化碳，温室茄子在定植后 15 ~20 天（幼苗期）开始施用二氧化碳，连续进行

30～35天。开花坐果前不宜施用二氧化碳，以免营养生长过旺造成徒长而落花落果。一般大棚施用浓度为1 000毫克/升，温室为800～1 000毫克/升，阴天适当降低施用浓度。具体浓度根据光照度、温度、肥水管理水平、生长情况等适当调整。

第四章　茄子的温室栽培技术

第一节　茬口安排及育苗技术

一、茬口安排

日光温室茄子主要分秋冬茬、越冬茬、冬春茬3个茬口。越冬茬最早可在8月初播种育苗，最晚在10月中下旬播种。10月中下旬播种的，12月下旬定植，翌年3月中旬开始采收，7月下旬拉秧。冬春茬12月上中旬播种，翌年3月上中旬定植，4月下旬开始采收；如采用遮光措施，可一直采收至10月下旬。秋冬茬7月上中旬播种，在7月底8月初定植，10月下旬采收，12月初拉秧。

二、越冬茬茄子栽培管理技术

（1）苗床准备　越冬茬茄子的育苗不一定在温室中进行，可选择地势高燥、排灌方便、通风好的地块，搭建有遮阴网的防雨棚，使茄苗不被强光暴晒，并能遮雨防徒长。苗床宜东西向伸长，四周筑15～20厘米高的畦埂，用于挡水。拱棚两侧和两头留通风口，便于通风换气降温。所有通风口处要覆盖白色尼龙防虫网，为防止覆盖防虫网后棚温过高，防虫网的网眼不宜过小，以

20～24目为宜。从苗床北畦埂往外留一条50～70厘米宽同苗床东西长度一样的风障畦，以备于晚秋至初冬期在此扎上塑料薄膜，作为风障使用。

（2）营养土配制　用未种过茄科作物的肥沃园田土50%、腐熟有机肥40%，再加细炉渣10%配制育苗用营养土。各组分过筛（图4－1），后混配。每立方米营养土中加入过磷酸钙1千克、草木灰5～10千克、尿素0.3～0.5千克的量混入肥料，以进一步提高肥力。为防止苗期染病，每立方米营养土应混入50%多菌灵可湿性粉剂150克（图4－2），拌匀后覆盖塑料薄膜闷2～3天后，撤膜，使药气挥发干净再使用；或用97%恶霉灵（土菌消）可湿性粉剂2 500～3 000倍液，或福尔马林200倍液，随喷洒药水随调拌营养土，拌匀后堆积起来，用塑料薄膜盖严，密封5～6天，在阳光下进行高温灭菌消毒，揭膜晾晒2～3天，待药气挥发尽再装入营养钵。

（3）浸种催芽　每亩茄子栽培田的用种量为20～25克。浸种催芽前首先要选择晴日晒种3～4天，促进种子后熟，以增强发芽势和提高发芽率，并利用阳光中的紫外线消毒杀菌。常用的种子消毒方法有温汤浸种和药剂处理。

温汤浸种，即在浸种前先用20～30℃温水预浸一下，再放入55～60℃的热水中，温度降低时可不断加入热水，并不断向一个方向搅动，浸15分钟后，加冷水把水温降到30℃左右，继续浸泡8小时（图4－3）。

图4－1　配制营养土的各种原料要先过筛

图4－2　营养土中要混入化学肥料及杀菌剂

图4－3　用温汤浸种的方法杀死种子表面的病菌

药剂处理，即用50%多菌灵1 000倍液或10%磷酸三钠溶液浸种20分钟，或0.2%的高锰酸钾溶液浸种10分钟，用清水将药剂冲洗干净，再浸种8小时。将经过温汤浸种或药剂浸种的种子捞到清水中，搓洗掉种子上的黏物，而后捞出晾一会儿，用干净纱布包好，放在28～30℃温暖条件下催芽。在催芽期间，每天要在28～30℃的清水中淘洗1～2次，洗去种子分泌的黏液，防止腐烂。催芽过程中要翻动数次，以保证充足的氧气供应。一般经4～6天，多数种子破口稍露白尖时即可播种（图4－4）。

（4）装钵　茄子育苗一般采用上口直径10～13厘米、高8～10厘米的塑料钵。钵内装营养土不要太满，营养土表面要距离钵沿2～3厘米，以便将来浇水时能存贮一定水分（图4－5）。装钵后，将营养钵整齐地紧挨着摆放在苗床内，以防营养钵下面的土壤失水。在苗床中间每隔一段距离留出一小块空地，摆放两块砖，以便播种时操作。

图4－4　浸种后用纱布包好置于适宜环境中催芽

图4－5　装钵

（5）播种　为保证育苗期间充足的水分供应，在播种前要浇足水。先从苗床的侧面向营养钵下面的土壤灌水，然后从营养钵上面一个钵一个钵地浇水，浇水量要均匀，这样可保证出苗整齐（图4－6）。浇水后，将

图4－6　逐钵浇水

种子平放在营养钵中央，每钵1粒，如果种子质量较差，可多播几粒，但出苗后要用剪刀将多余的植株齐根剪掉（图4－7）。随播种随覆土，用手抓一把潮湿的营养土，放到种子上，形成2～3厘米厚的圆土堆。覆土操作要由专人负责，以便做到覆土均匀，保证出苗整齐（图4－8）。

图4－7 将经过催芽的种子平放在营养钵中央

播种后，在营养钵上覆盖无纺布不但可以保持湿度，而且利于透气。发现幼苗出土后，立即将其揭除。切忌覆盖地膜保湿，因为覆盖地膜容易形成高温环境，不利于出苗。

（6）苗期管理 中午阳光过强时要在防雨棚上覆盖遮阳网，避免幼苗萎蔫，阴天或早晚揭去遮阳网，让小苗充分接受散射光，增加光照，以提高秧苗质量。下雨时将棚膜放下，注意幼苗一定不能被大雨浇淋，否则会引发徒长或死苗。雨停后将膜卷起（图4－9）。

苗期管理以控温不控水为原则，白天保持25～28℃，夜间15～18℃。缺水时可用喷壶喷淋或者覆盖潮湿土，既可防止干旱作用，又能防止幼苗徒长及病害发生。育苗后期用0.3%磷酸二氢钾溶液进行1次叶面喷肥（图4－9）。

图4－8　覆土

图4－9　夏季防雨棚育苗

茄子壮苗的标准是：植株高20厘米左右，真叶8～9片，茎粗0.6～0.8厘米，门茄显蕾，茎为深紫色，根系发达，通常苗龄为75天左右。

（7）经过分苗的育苗方法　先用营养土铺成苗床，撒播种子（图4－10），当幼苗长到2叶1心时分苗移栽到营养钵中。幼苗过大再分苗容易损伤根系（图4－11）。育苗期间的管理方法同前述。

图4－10　用营养土铺成的苗床及幼苗出土状

图4－11　幼苗过大时分苗容易损伤幼苗根系

第二节　定植技术

一、整地、施肥与做畦

多年栽培茄子的温室，行间操作通道可以固定下来，不用施肥和翻耕，只将肥料施于栽培植株的土地上并翻耕。一般每亩施腐熟农家肥 10 000 千克、过磷酸钙 40～50 千克或磷酸二铵 20～25 千克、尿素 15～20 千克、硫酸钾 20～30 千克，深耕 25～30 厘米，把基肥翻施入耕作层土壤中（图 4－12）。

翻地之后按每亩撒施地菌灵等土壤消毒剂 3 千克，做垄时将农药与土壤混合，浇水后农药渗透到土壤中，可起到消毒作用（图 4－13）。耕翻、施药后，要随即耢、搂几遍，把土块捣碎，地面整平。

图 4－12　整地

图 4－13　撒施杀菌剂进行土壤消毒预防土传病害

栽培密度与品种、整枝方式有关，植株较高大、株型较松散的中晚熟和晚中熟品种，平均行距 75 厘米，株距 36 ~ 45 厘米，每亩定植 2 000 ~ 2 500 株；植株较矮小、株型较紧凑的早熟和早中熟品种，或虽然是大型品种，但采用单干整枝方式时，平均行距 65 厘米，株距 34 厘米左右，每亩定植 3 000棵左右。下面以前一种规格为例介绍几种做畦方式。

1. 双高垄

即两垄一组，小行距 60 厘米，大行距 90 厘米，垄高 10 厘米，垄宽 30 厘米，暗沟宽 20 厘米。在浇水的暗沟上悬吊 1 根铁丝，以防止覆盖地膜时，地膜贴到沟底，阻碍水流。做好垄后，暗沟浇满水，根据暗沟浇水后留下的痕迹将两垄垄面整平（图 4 – 14）。这样，能保证定植后栽培过程中浇水均匀。然后覆盖地膜（图 4 – 15）。

图 4 – 14　双高垄

图 4 – 15　在双高垄上覆盖薄膜

2. 高垄

行距 75 厘米，垄高 10 ~ 15 厘米，采用滴灌的垄可高起，采用沟灌的垄不可起太高，以 10 厘米为宜。因为冬季温度低，不能大水漫灌，避免因灌水而使地温降低。如果垄过高，水浇不透，易使植株缺水而早衰。

3. 高畦

畦宽 70 厘米，两畦间距 80 厘米，在地膜下铺滴灌管浇水（图 4－16）。

图 4－16　地膜高畦

二、温室消毒

栽培畦做好后，要对温室内的地面、墙面、立柱、后屋面内侧进行消毒。方法之一是：定植前 5～10 天选择连续晴日喷布 5% 菌毒清水剂 100～150 倍液，然后严闭温室闷棚 3～4 天，中午温室内最高气温可达 60℃，以消毒灭菌。在定植前 2 天，开窗通风降温，使棚内白天气温为 25～30℃，夜间为 17～20℃。白天 10 厘米地温为 24～28℃，夜间 18～22℃。方法之二是：定植前，每立方米空间用硫磺 5 克加锯末 20 克混合点燃，密闭熏蒸 1 昼夜，再打开通风口通风。

三、定植操作

茄子育苗时间较长，通常育出大苗再定植。一般当接穗苗龄 75 天左右，植株具 7～8 片真叶，叶色浓绿，茎紫色，茎粗 0.6 厘米，株高 20 厘米，现花蕾时即可定植（图 4－17），非嫁接苗可稍小些，要求具有 6～7 片真叶。

日光温室越冬茬茄子定植时，外界气温较低，但温室内 10 厘米地温稳定在 15℃ 以上，能满足茄子对定植温度的要求。选择晴天定植，先按计划株距于垄背中间用打孔器在地膜上打定植孔（图4－18），穴深12厘米。在施足基肥的基础上，还可以在定植穴内施肥。山东省寿光市菜农的经验是，每穴施腐熟的豆饼（芝麻饼最好，菜籽饼也可）100～150克，或大粪干200～300克，并使肥料与穴土混合均匀。施肥后，倒扣营养钵，将幼苗轻轻倒出，把苗坨摆放在定植穴内，再浇满一穴水，当水全部渗下后填土封穴。嫁接苗嫁接刀口的位置要高出垄面一定距离，以防因接穗扎根导致植株受到二次侵染而致病。

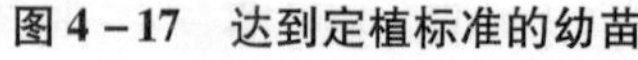

图4－17　达到定植标准的幼苗

图4－18　用打孔器打定植孔

第三节　水肥管理及植株调整

一、水肥管理

在门茄果实如核桃大小以前，要适当控制浇水，防止土壤水分过多而导致植株徒长和落花落果。当门茄果实长至鸡蛋大小即“瞪眼”时，要进行定植后的第一次追肥，一般每亩追施尿素15～20千克、硫酸钾7.5千克、磷酸二铵5千克，将地膜从两侧揭开，开穴施入，然后再埋土，施肥后立即浇水，并将地膜盖严（图4－19）。为防止浇水降低地温，浇水应在晴天进行，且最好使用温室内贮水池中的水。浇水后将温室密闭1～2小时。当室内感觉热气扑面时，将顶部通风口打开，放风排湿（图4－20）。越冬茬茄子栽培时外界气温低，为减少浇水量，可以揭开地膜进行培土扶垄，适当加高、加宽垄面，培土后重新盖好地膜。未盖地膜的更应进行培土保墒，避免浇水过多影响地温，造成徒长或落花落果。

图4－19　不能将肥料直接撒于地面

门茄采收后进入盛果期，必须加强肥水供应。从进入盛果期开始，就应每10天左右浇1次水，隔1次水追施1次肥。一般每亩每次追施尿素10～15千克，或大粪干500～800千克。尿素等化肥最好是结合浇水冲施，而大粪干宜开沟施入或开穴施入。化肥应与大粪干等有机肥交替施。在盛果中期、后期，还应每亩追施硫酸钾或复合肥7～10千克，也可叶面喷施氨基酸高效液肥500倍液，高效氨基酸复合液肥400～600倍液等，以提高坐果率，加快果实膨大。在茄子的结果期不宜追施磷肥，否则会导致商品果实变硬和加速老化，降低产品质量。

如果没有覆盖地膜，可以隔垄沟轮换浇水，浇水后注意通风排湿。覆盖地膜者，通过暗沟进行膜下浇水或在地膜下铺滴灌管进行膜下浇水（图4－21）。由于覆盖地膜的情况下，不便在栽培过程中使用农家肥，可在整地或定植时施足底肥，栽培过程中随水施用化肥，并冲施腐植酸类肥料或液态有机肥，弥补农家肥的不足。

图4－20　温室后墙下面的水沟

图4－21　利用地膜下铺的滴灌管浇水施肥

如一次性施用化肥过多，或施肥不匀，过于集中，或施肥后未及时浇水，且温度高、空气干燥时，容易发生肥害，受害症状从茄子叶片尖端或边缘向叶片内部发展，在大叶脉之间出现坏死斑（图4－22，图4－23），斑块呈干枯的绿色、黄色、灰白色、黄褐色等多种颜色，病健部交界明显（图4－24），后期病斑穿孔（图

4－25）。因此，开穴施肥后要立即浇水，每穴施肥量不可过多，应少量多次；增施有机肥，提高土壤的缓冲能力。

图4－22　初期叶片大叶脉间呈现灰白色坏死斑，多发生于叶片一侧

图4－23　病斑扩大连片，叶片干枯

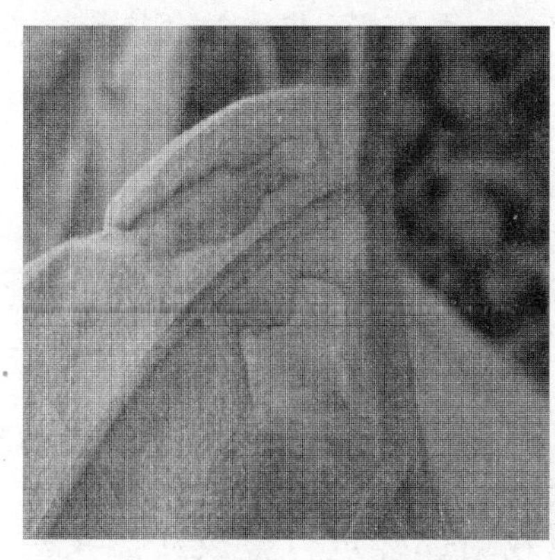

图4－24　发病迅速、气温较高时病斑呈暗绿色，干而薄，边界明显

图4－25　后期病斑穿孔

二、植株调整

1. 吊架

为适宜越冬茬茄子生长期长、连续结果的特点，充分利用温室空间，通常要采用尼龙绳吊蔓的方式做吊架（图4－26）。依据茄子整枝形式，每棵植株分配1～2条尼龙线，线上端绑在铅丝上，下端绑在茄子茎基部或两条侧枝上（图4－27）。

图4－26　尼龙绳吊架

图4－27　将尼龙线下端绑在茄子茎基部

2. 整枝

茄子的分枝很有规律，植株长到一定的叶数，叶芽会变成花芽，在花芽两侧各抽生1个侧枝。露地栽培茄子，一般保留四级侧枝。条件适宜时可结15个茄果，满天星一般不能成熟（图4－28）。

保护地栽培时，如果栽培得较稀，植株间距离较大，不追求早产，可像露地栽培那样进行整枝（图4－29）。当四母斗茄果坐住后，可在茄果上部的枝上留4片叶摘心，使营养集中供应果实，促进果实膨大。植株长势旺盛，品种生命力强，温室条件适宜时，也可考虑在八面风茄果以上摘心。

但多数情况下，由于温室环境条件比较优越，植

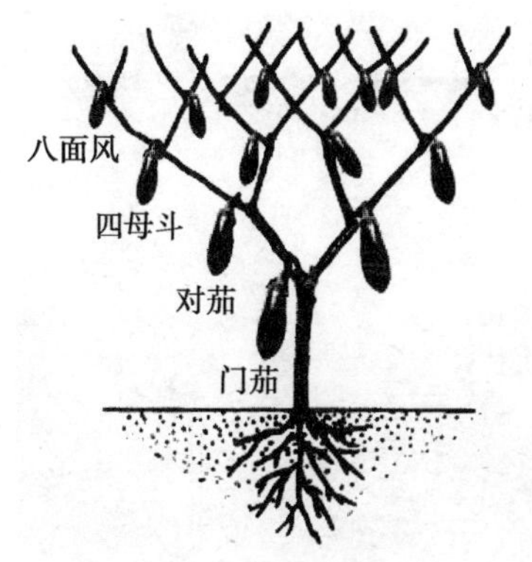

图4－28　自然状态下的茄子结果习性

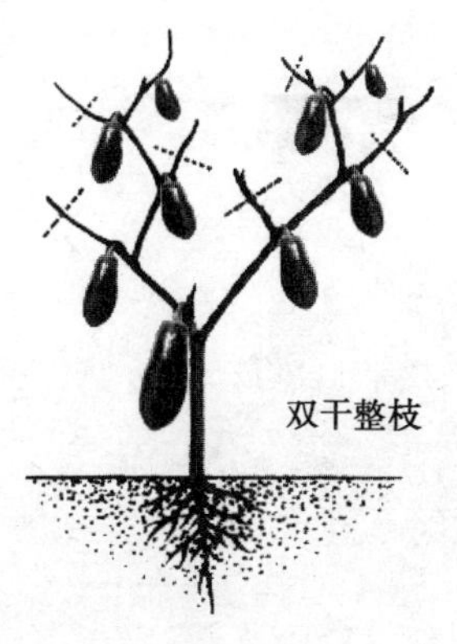

图4－29　植株间距较大时可像露地栽培那样利用茄子的自然分枝习性进行整枝

株生长比露地旺盛，往往为提高早期产量而增大栽培密度，这样就不能像露地栽培那样利用茄子的自然分枝习性进行整枝，而常常是采用单干、双干或三干的整枝方式，其中以双干整枝应用最普遍（图4－30）。

3. 剪叶、去侧芽

每层果采收后都要及时摘除下部多余的侧芽、无效枝（图4－31）。

进入结果中期，植株封行，植株下部老叶变黄下垂，逐渐失去光合能力，且容易感病，还影响通风透光，因此要及时摘除，并带到温室外深埋或烧掉，这样可减少养分消耗，以利通风透光。剪叶还可促进结果，提高茄子品质，并能调节植株生长势，有效地抑制植株徒长。对分枝能力强、枝叶繁茂的品种可多剪；对分枝

图 4－30　采用双干整枝时选留的两条侧枝

图 4－31　及时摘除多余的侧芽、侧枝

能力差、枝叶稀少的品种应少剪叶或不剪。密度过大、生长繁茂、枝叶郁闭的植株可多剪，以保持叶片稀疏均匀，以利于通风透光；栽培较稀、生长正常或偏弱、通风透光良好的植株可少剪叶或不剪。只剪下部叶，保留中上部叶，剪去病虫危害叶和枯黄烂叶（图 4－32）。

图 4－32　剪掉植株下部老叶，减少养分消耗，以利于通风透光

4. 老株更新

到翌年 6 月下旬，越冬茬茄子进入生长后期，进一

步生长受到限制，植株中下部的果实已经采收（图4－33），此时萌生大量侧枝，可在植株下部留一健壮侧枝，进行老株更新（图4－34）。在顶部果实坐住后，在果枝上部留2～3片真叶摘心，使营养集中供应果实，促进果实膨大。等下部的新枝长约50厘米时，用剪刀从基部将老枝剪掉。操作要在晴天上午进行，以免伤口进水，引发病害；剪口要倾斜，剪后用0.1%的高锰酸钾溶液涂抹，浇水、施肥、中耕，以后每10～15天浇1次水，并及时剪除萌生的多余枝条，积极防治病虫害。20～25天后，新枝所结的茄子即可上市。

图4－33　越冬茬茄子到翌年6月下旬大量结果后的田间状态

图4－34　在植株基部留侧枝，进行老株更新

第五章　茄子的标准化生产技术

第一节　茄子标准化生产的育苗技术

一、育苗设施的选择

茄子常见的育苗设施主要有冷床、温床、塑料棚和温室等。采用育苗设施集中育苗，有利于控制苗期环境，延长生育期，育出成龄壮苗，为获得早熟增产的栽培效果奠定良好的基础。生产中栽培者可根据育苗季节和实际条件选择利用不同的育苗方式。其中，温室育苗环境条件易于控制，幼苗的质量好，是北方地区冬春非生产季节最常见的育苗方式；温床育苗环境条件稳定，但不易人为控制，幼苗的质量较好，可作为北方地区冬春非生产季节温室育苗的主要补充方式；冷床环境受外界条件影响较大，北方地区早春不宜作播种床，可用作移栽床；塑料棚育苗可遮阳避雨，适于华中和华南地区育苗。

（一）冷床育苗

冷床又叫阳畦，是仅利用阳光增温的最简易的蔬菜保护栽培设施，可用于自然条件适宜茄子生长的春季、夏季、秋季育苗。冷床的结构简单，按结构可分为普通冷床、塑料拱棚冷床和遮阴冷床等。

普通冷床是将育苗的园田修建成南北延长，宽 1 米左右，长 10 米左右，四周有宽 20 厘米畦埂的播种床。播种床内铺育苗的营养土或摆放育苗穴盘，根据育苗季节的环境条件设计床面的高度。通常气温较低的冷凉季节床面可低于地表 10 厘米左右，气温适宜茄子生长时可与地表持平，在高湿多雨季节可稍高于地表。普通冷床播种后覆盖地膜保湿，幼苗出土后揭除地膜在自然条件下生长。普通冷床的条件受自然环境影响较大，温度、湿度不稳定，育苗质量较差，生产中应用较少。

在普通冷床上覆盖塑料薄膜拱棚的苗床称为塑料拱棚冷床，覆盖遮阳网拱棚的苗床称为遮阳冷床。塑料拱棚冷床可增温防雨，在春、秋温度偏低时使用育苗效果较好，但在温度较高的晴天时温度过高不易控制；遮阴冷床可降低苗床温度，更适宜在夏季、秋季节温度较高时应用。最好的冷床是在塑料拱棚上覆盖遮阳网的冷床，具有遮阴降温、增温防雨多种功能，阴雨天和夜间温度较低时塑料拱棚具有防雨增温作用，晴天温度较高时可在塑料拱棚放大风的同时用遮阳网降温，防止幼苗热害，育苗效果较好。市场销售的遮阳网有遮光率为 30% ~70% 的多种不同规格，可防止强光照射对幼苗的伤害。据测定，强光照时遮阳网在中午可降低地温 5 ~ 7℃，降低气温 3 ~5℃。由于塑料薄膜和遮阳网的应用，我国长期采用的倒插风障、遮盖苇帘和玻璃窗框在生产中已经逐渐被淘汰。冷床的唯一能量来源是日光，没有其他增温设施，床温受外界气候变化影响较大，温度偏低，秧苗生长速度较慢，应适时早播，北方寒冷地区早春不宜做播种床，但可做分苗床。

（二）温床育苗

温床是除日光增温外，具有一定增温措施的苗床（冷床），主要用于春季、秋季、冬季气温较低季节的育苗。温床的结构与冷床相似，仅增加了一定的增温措施，按结构主要有烟道温床、酿热温床和电热温床等，生产中后两种更常见。

酿热温床是在冷床的营养土下方，铺设一定厚度的新鲜马粪、稻草、经无害化处理的垃圾等有机物作为酿热物，利用微生物分解有机物产生热量增加苗床温度的育苗设施。酿热温床有成本低廉、发热容易、操作简单、实用性较强等优点，但在部分地区酿热物来源较困难，装填耗费较多时间和劳力，同时还存在发热时间短、热量有限且不易控制，温度前高后低等缺点，在北方地区秋季不宜使用，近年来逐渐被电热温床代替。据测定，酿热物厚度 30 厘米的温床在播种 20～30 天内床土温度比普通冷床提高 6～8℃。酿热温床结构见图 5－1。

电热温床是利用电流通过导体时将电能转变为热能的原理，在苗床营养土下方铺设土壤电热加温线，通过专用控温仪自动调节温度，进行苗床加温的育苗设施。电热苗床不但具有设备简单、投资少、安装维修方便等优点，而且床土升温快，温度便于控制，受外界环境条

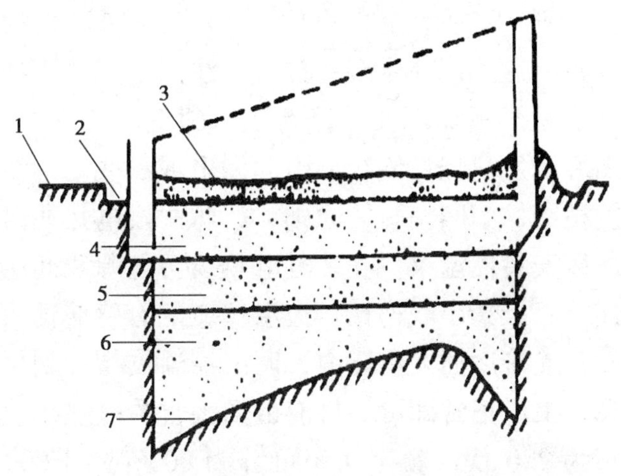

1. 地平面；2. 排水沟；3. 床土；4.5.6. 三层酿热物；7. 干草层

图5-1　酿热温床结构示意图

件影响较小，易形成土温高、气温低的苗期环境，有利于缩短苗期，提高幼苗质量，育成壮苗。电热温床可以与冷床、大棚和温室相结合，用于各种设施育苗的土壤加温。电热温床可在整个育苗期根据环境条件仅在需要加温时通电加温，并通过控温仪调节电流的大小自动控制苗床的温度，操作较方便。

电热温床的制作方法是，先做深20厘米、底部平整的畦床，床内铺5厘米厚的马粪、稻草、麦秸等形成隔热层，以减少热量的损失、节省用电量。在绝热层上方铺3厘米厚的床土，搂平踩实，再铺设电热线，然后铺过筛细土1～2厘米，压住电热线；播种床上方再铺10厘米左右厚的营养土，分苗床可用优质园田土代替营养土。铺设电热线时，先在苗床的两端按设计的电热线密度（一般 10 厘米左右）插入 10～15 厘米长的小木棍，再将电热线绕在木棍上拉直，注意电热线不要在木棍上缠绕，线不要弯曲、打卷或与邻近的线靠在一起，以免因缠绕发热烧坏绝缘层引起漏电或混线。铺线要遵循两侧稍密、中间稍疏的原则，严防两段电热线碰在一起，最后安装控温仪。安装时电热线与电源线间应采用并联连接，严禁串联连接。控温仪应配有感应插头，将感应插头连接后插入苗床内，调试控温仪指针到预定温度，观察工作正常即可。目前市场销售的电热线使用的电压多为 220 伏，额定功率可分为 800 瓦、1 000瓦和 1 200瓦，长度为 80～120 米。电热线不能加长或截短，购买时应根据苗床大小选择适宜型号，一般一个苗床铺设一条电热线，安装时全部埋在土内长度正好为宜。布线时如有剩余不能剪断，可在床头往返盘绕埋在土中。电热线如有护皮破损，应用防水胶布包严，以防漏电。苗床管理、起苗或挖取电热线时，要先切断电源，小心操作，以免损坏，引起漏电。育苗结束后，应将电热线小心取出，擦净晾干，捆好放在阴凉处保存。如保存得好，电热线可使用 3～5 年。电热温床结构见图 5－2。

（三）塑料棚育苗

塑料棚育苗是指利用竹木或钢筋钢管为骨架建造的塑料拱棚，主要用于春季、夏季、秋季气温较高的季节育苗，北方冬季气候寒冷不能用塑料棚育苗。育苗塑料棚的结构与生产栽培用大棚相似，其中有些育苗棚利用的就是生产棚，按大小可分为大棚和中棚两种。

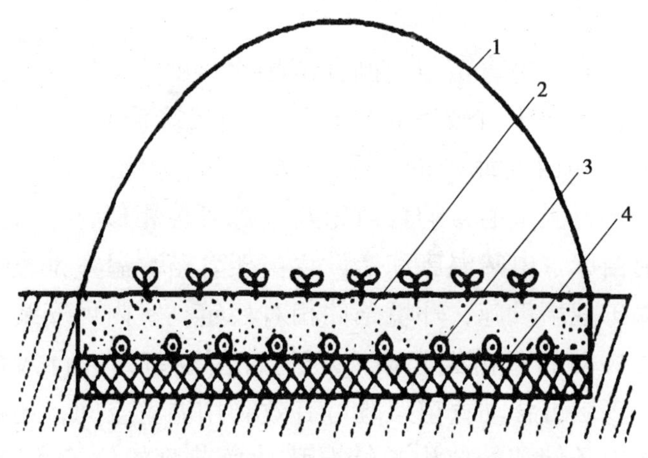

1. 小拱棚；2. 床土；3. 电热加温线；4. 隔热层

图 5－2　电热温床结构示意图

塑料育苗棚主要靠日光增温，塑料棚防雨保温，晴天高温时膜外覆盖遮阳网遮阴降温。塑料育苗棚内通常采用育苗床或搭设育苗架育苗。育苗床可分为普通育苗床和电热温床两种，普通育苗床结构与冷床相似，电热温床主要用于春季地温较低时育苗。如果温度较低，育苗床上可扣塑料小拱棚保温。育苗架是由木料或钢材修建的高 80 厘米左右、宽 1 厘米左右的架子，用来摆放育苗穴盘，在穴盘内装营养土育苗。塑料棚空间较大，温度、湿度条件比温床和冷床稳定，生产者可在棚内自由活动进行各项作业，较易管理，育苗效果也较好。

（四）温室育苗

温室育苗可分为日光温室育苗、加温温室育苗两种方式，主要用于北方地区的深秋、冬季和早春气温较低季节育苗。

日光温室育苗与大棚育苗相比，虽然也主要靠日光增温，但由于有较完备的保温、通风降温和排湿设施，除东北和西北北部的冬季严寒季节外，几乎可全年育苗。日光温室通常的育苗床与大棚育苗相似，也可采用普通苗床、电热温床和搭设育苗架育苗。温室是最固定的保护栽培设施，环境条件相对稳定，室内可安装多层式可移动的育苗架建成专门的育苗温室，进行穴盘育苗。多层可移动育苗架既可有效利用温室空间，还可根据室内条件和幼苗生长情况移动育苗盘的位置和方向，使幼苗生长得整齐一致。避免幼苗向光性倾斜生长。育苗时可根据幼苗不同生长时期的营养需求，选用不同规格的穴盘，配制特定的育苗基质，更有利于育成优质壮苗。穴盘育苗的基质通常是由草炭、蛭石、椰糠、珍珠岩等轻基质配制而成，配制时按茄子幼苗生长的需求加入了一定比例的氮、磷、钾等营养元素。目前市场销售的穴盘有288孔、128孔和72孔等多种规格，后两种可直接长成生产苗，而288孔的穴盘为播种盘，当幼苗生长至1~2片真叶时，应移植到72孔穴盘内继续生长。穴盘育苗法育成的幼苗整齐度高，根系发育好，移栽和定植时几乎不伤根，植株缓苗快，生长势强，产量高，质量好。所以，温室穴盘育苗技术是茄子育苗，特别是保护地栽培茄子育苗的最好方式，应在生产中逐步推广利用。

二、种子处理和催芽播种技术

（一）种子处理

茄子的种子处理主要包括种子质量检验、种子消毒和浸种催芽等技术环节。

1. 种子质量检验

种子质量检验主要是检查种子是否为真实需要的品种，检验种子的纯度、净度、发芽率和发芽势等指标。市场出售的茄子种子大部分都是精细的小包装，在外包装上附有说明书，对该品种的名称、特征特性、发芽率、生产日期和保质期等都有较详细的说明。购买和使用前要仔细看好说明，确认品种名称是否正确，品种特性是否与自己的栽培目的相吻合，种子外观质量是否符合标准，必要时可做发芽率和发芽势的检验。茄子种子的发芽率是在适宜条件下催芽 14 天内的发芽百分率；发芽势是催芽 7 天内的发芽百分率。发芽率反映种子的发芽能力，优质种子应不低于 90%，低于 85% 为不合格种子。发芽势反映种子的发芽速度和整齐度，优质种子应不低于 80%。

2. 种子消毒

自然条件下繁殖的种子大部分带有病菌，在播种前用适宜的药液消毒可杀灭种子表面和内部的病菌，明显减轻病害的发生。茄子种子消毒的方法主要有药液浸种和药剂拌种两种。

药液浸种消毒是将药剂配成一定浓度的药液浸泡种子，浸种时要将种子全部浸在药液中并严格掌握药液的浓度和浸泡的时间，以免产生药害。常用的药液和浸泡时间主要有：50% 多菌灵 1 000 倍液，浸泡 20 分钟；10% 磷酸三钠溶液，浸泡 20 分钟；1% 高锰酸钾溶液，浸种 10 分钟；40% 甲醛 100 倍液，浸种 10 分钟。经药液消毒后的种子要用清水反复冲洗，再用清水浸种催芽。

药剂拌种消毒是在播种前将种子和药剂拌在一起，杀灭种子表面和内部病菌的方法。常用的药剂主要有克菌丹、多菌灵等，药量是种子干重的 0.2% ~0.3%。拌种时要将药剂和种子充分搅拌均匀，使药粉均匀地沾到种子表面。药剂拌种一般只适用于未发芽的干种子或浸种后未催芽的种子，拌种后可立即播种。

（二）催芽技术

将种子在水中充分浸泡，吸足水分的过程叫浸种；浸种后的种子在适宜的温度、水分条件下促进快速发芽的过程叫催芽。

1. 浸种

茄子浸种可分为温水浸种、温汤浸种和热水烫种。温水浸种是将种子在 20 ~30℃的温水中先浸泡 10 分钟，漂除瘪种子，再继续浸泡 24 小时，期间要多次淘洗和搓动种子，浸泡结束后即可催芽。温水浸种仅是单纯的浸种，无杀菌消毒作用。温汤浸种是先将种子放在干净的容器用清水浸泡 10 分钟，漂除瘪种子，将水倒出后再加入少量冷水浸没种子，然后缓慢倒入开水，边倒边顺一个方向搅动种子，当水温达到 55℃时停止倒开水，继续搅动，水温下降后再倒入一些开水，保持水温55℃稳定15分钟，期间不停搅动种子以防因种子静止不动而受害。然后加入冷水搅匀，水温降至30℃后浸种20小时再催芽。浸种过程中要多次淘洗和搓动种子，洗掉种子表面黏液，以利于发芽。温汤浸种的关键是保持55℃恒温，具有杀菌消毒作用，可减轻病害的发生，如果水温降低，消毒效果不佳。热水烫种也具有杀菌消毒作用，是先将种子放在清水中浸泡并漂除瘪种子，然后缓慢倒入开水，边倒边顺一个方向搅动种子，当水温达到70～75℃时停止倒开水，搅动中维持70～75℃ 2分钟，再倒入凉水使水温降至30℃浸种20小时后催芽。

经过消毒的干种子和浸种后的种子可以直接播种，但出苗较晚，必须提前7～10天播种。生产中一般都在浸种后催芽播种。

2. 催芽

催芽前先将种子充分搓洗几遍，洗净种子表面黏液，沥干水分，然后包在干净透气的棉布中在25～30℃条件下催芽6～7天，当种子大部分露白后播种。在催芽过程中，每天用清水投洗1～2次，以补充水分和氧气；每隔一段时间将种子翻动1次，使其温度均匀，促进发芽整齐。茄子发芽慢、整齐度低，采用变温催芽可加快发芽速度、提高整齐度。变温催芽是每天在25～30℃下16小时、15～20℃下8小时交替处理，这样发芽速度快，整齐、粗壮。此外，当种子刚一露白时放在0～2℃低温条件下，锻炼一段时间可使幼芽粗壮，提高适应性和抗寒性。

（三）播种技术

1. 播种期的确定

播种期在茄子生产中十分重要，直接决定了浸种、催芽和定植的时间。适宜的播种期是由人为确定的定植期减去苗龄向后推算的日期。例如，东北地区日光温室早春茬茄子栽培多为1月下旬定植，苗龄80天左右，播种期应为10月中旬前后。确定播种期还要考虑气候条件、育苗设施条件、育苗技术水平和品种特性等多种具体情况，如寒冷季节播种必须具备温室育苗条件，否则不能满足幼苗生长所需的环境条件；具备塑料营养钵或有足够的移栽苗床，才能提早播种，培育大苗，否则会因为营养面积不足导致幼苗徒长或移栽、定植时伤根过重缓苗缓慢，影响早期产量；采用电热温床育苗，幼苗生长快，应比普通苗床适当延迟播种。总之，确定茄子育苗的播种期，必须考虑多方面的因素，才能确保适时定植。

2. 播种量的确定

茄子的播种量包括种子用量和播种密度两方面，即应播种多少种子才能满足生产栽培的需要，以及单位面积苗床播种的种子用量。

茄子的播种量应适当，播种量不足，出苗量不能满足栽培的需要，影响生产计划的落实；播量过大，造成大量秧苗剩余，不仅增加了育苗的工作量，而且造成种子、人力、财力和育苗设施的浪费。播种量应根据栽培面积、密度和种子的成苗率计算。俗话说“有钱买籽，无钱买苗”，播种量应满足栽培需求并略有剩余为宜。在种子质量符合标准，栽培密度正常，育苗条件较好、成苗率较高的条件下，每亩栽培茄子的用种量为 25～30 克。考虑到育苗过程中可能有些意外损失，应有一定保险系数，用种量可增加至每亩播种 40 克左右。

播种量（克）＝（栽培面积×栽培密度）÷

（每克种子粒数×发芽率×种子净度×成苗率）

茄子的播种密度要适宜，密度小则出苗稀少，浪费苗床、增加育苗成本；密度大则造成秧苗密集，易引起幼苗徒长，不利于培育壮苗。播种密度应根据育苗移栽条件、种子质量、苗床适宜的秧苗密度、种子的成苗率计算。在种子质量符合标准，苗床秧苗密度正常，育苗移栽及时、成苗率较高的条件下，每平方米苗床的播种量以 15～20 克为宜。

播种密度（克/平方米）＝每平方米株数÷

（每克种子粒数×发芽率×种子净度×成苗率）

3. 播种方法

茄子播种应选择晴天上午进行。播种方法因育苗设施和播种苗床的不同而异，但大体上都经过如下程序。

装床土，茄子育苗的播种床主要有普通苗床、电热温床、架床、育苗盘、穴盘等。播种前先将苗床和播种盘铺上或装上消毒后的床土，将穴盘装上育苗基质。苗床的床土厚度应达 5 厘米以上，过薄时幼苗生长后期根系扎入下部土层，移苗时易伤根，影响缓苗。装床后应充分暴晒、提高床温，播种前搂平，稍加镇压，再用木板刮平，以免因苗床不平降低秧苗的整齐度。

浇底水，床面整平后浇底水，底水一定要浇透，要求苗床8~10厘米内土层充分湿润，育苗盘需全部湿透。确保水量能够保持到出苗前不浇水，以免在幼苗出齐前浇水引起徒长、降低地温或发生病害。在寒冷地区低温季节播种时，为提高苗床地温提倡浇温水，以利于种子发芽出苗。当底水全部渗下后，在床面轻撒一薄层过筛的干营养土，既可使经浇水冲刷的床面保持平整，又能够防止种子表面包裹泥浆影响发芽出苗。

播种，茄子播种方式除穴盘育苗为点播外，其余都是撒播。经浸种催芽的种子湿度大、易粘连，为使撒播的种子分布均匀，可在播种前掺入少量细干沙。播种时将种子均匀地撒播在苗床或育苗盘上，多床播种可预先将种子按苗床数分成数份，以免不同苗床间播种密度不均。同一苗床的种子分两次撒播，可使种子分布更均匀，如分布不均可用竹条或细棍将密集的种子拨匀。

覆盖土，播种后要立即均匀覆盖厚1~1.5厘米的细营养土，以免晒干芽子和水分蒸发。覆土过薄，床土易干燥，子叶易带壳出土，俗称带帽，影响幼苗生长；覆土过厚，出苗缓慢；覆土不均，出苗不整齐。如采用药土播种，播前和播后都采用药土覆盖，达到“下铺上盖”，种子被夹在中间，出苗过程中既保护了下扎的胚根，又保护了上伸的胚轴。

苗床覆盖，覆盖土后应立即用地膜覆盖苗床、育苗盘或穴盘。苗床育苗时，覆盖地膜后还应加盖塑料小拱棚，在晴天温度过高时还应覆盖遮阳网降温。覆盖地膜和加盖小拱棚的作用是保温、保湿，促进幼苗出土和生长，覆盖遮阳网的作用是降温，防止温度过高引起的徒长和对幼苗的直接伤害。

三、嫁接育苗技术

随着茄子保护地栽培面积的不断扩大和生产专业化水平的提高，土壤传播的根系和根茎病害，如黄萎病、枯萎病、青枯病、菌核病和根结线虫等逐年加重，仅依靠农药防治已很难控制，对茄子的生产形成严重威胁。通过嫁接育苗，进行换根栽培，能够有效地防治茄子土传病害的发生和蔓延，取得高产、稳产、优质的栽培效果。茄子砧木根系发达，嫁接育苗可明显提高栽培茄子根系的吸收能力和适应性，具有抗旱、耐涝、耐瘠薄等特点。茄子嫁接育苗栽培技术方法简单，操作容易，增产效果显著。茄子嫁接育苗主要包括砧木品种的选择、砧木和接穗苗的培育、嫁接及嫁接后的管理等环节。

（一）砧木品种的选择

国内外茄子生产中使用的砧木，都是从野生茄科植物中筛选出的对土壤传播病害免疫或高抗的品种和杂交种，主要有托鲁巴姆、赤茄、圣托斯、刺茄、耐病VF、密特、抗重5号等。

在选择砧木时，要充分了解砧木品种的抗病性、嫁接亲和性，及其对产量和品质的影响，分析不同品种的各自特点是否与自己的栽培需求相一致。第一，要考虑选用的砧木要抗哪些病害，并根据病害的种类和发病程度选择具体的砧木品种。如果是病害较轻的非重茬地，可根据具体条件选择一般砧木，以发挥早熟、耐低温、耐高温、耐干旱、耐瘠薄等其他方面的优势。第二，嫁接茄子多为保护地栽培，应选择适应保护地栽培，具有根系吸收能力强、耐低温弱光、耐高温多湿的砧木品种。第三，应选择嫁接后能够延长植株寿命，提高产量，但对果实无明显影响，不改变果实的风味、形状，不出现异味的砧木品种。第四，还应根据育苗者的嫁接育苗技术水平选择适宜的砧木品种。如果育苗者初次嫁接、技术水平较低，应选择催芽播种较容易、嫁接易成活的砧木品种，确保嫁接育苗栽培的成功率。待嫁接技术熟练后再选用技术较难掌握的砧木，以免嫁接失败影响生产。

在现有砧木品种中，嫁接后植株的抗病性托鲁巴姆和圣托斯最强，可同时高抗或免疫多种土壤病害，耐病VF和抗重5号其次，赤茄、刺茄和密特抗病性相对较差；托鲁巴姆嫁接后植株根系发达，生长和再生能力强，适应性好，产量高；刺茄嫁接后早熟、耐低温、生长势强；赤茄嫁接后耐热、耐旱、耐瘠薄；抗重5号嫁接后生长势强、增产明显；密特嫁接后耐热、结果早、早期产量高。

（二）砧木和接穗苗的培育

1. 播种期的确定

确定适宜的播种期，是砧木和接穗幼苗的最适嫁接期是否相吻合的关键。播种期的确定主要取决于砧木品种的发芽和幼苗的生长速度，如果砧木品种催芽时间长、出土慢、幼苗达到嫁接程度前的生长时间长，播种期就应比接穗品种相应提前，以确保砧木和接穗幼苗同时达到最适嫁接期。现有砧木品种间生长发育特性明显不同，种子发芽和幼苗生长的速度也存在较大的差异。耐病 VF 和赤茄的种子发芽和幼苗生长速度与正常栽培品种相近，分别提前播种 3 天和 7 天，砧木苗出土时播种接穗即可；刺茄的幼苗生长速度较慢，应提前播种 20～25 天，应在砧木苗子叶展平时播种接穗品种；托鲁巴姆和圣托斯的种子发芽和幼苗生长速度都较慢，应提前播种 25～30 天，应在砧木苗第一片真叶显露时播种接穗品种。

2. 种子处理

茄子砧木品种野生性较强，具有较强的休眠特性，需要特殊的处理才能发芽。在现有的砧木品种中，托鲁巴姆种子休眠性最强，发芽也最困难。茄了砧木品种的种子休眠性与采种时间的早晚、种子后熟时间的长短紧密相关，采收较早、经一段时间休眠的当年种子较容易发芽。休眠性较强的砧木种子在催芽前采用沈阳农业大学研制的“茄子砧木快速催芽剂”处理，发芽效果较好。“茄子砧木快速催芽剂”有粉剂和水剂两种。催芽方法是，粉剂每袋加清水 25 毫升或每瓶水剂加 3 倍清水，混匀后加入一袋砧木种子（5 克或 10 克），浸种 24～36 小时，经清水冲洗后用透气的棉布包好，装入薄塑料袋内，在变温（最好每天30℃16小时、15℃8小时，也可自然变温）保湿条件下催芽。每天用凉水冲洗1次，5~7天出齐芽后播种。

其他砧木品种和栽培品种的种子，采用上述方法催芽效果更好，一般2~3天就可出齐芽。采用赤霉素100~200毫克/升溶液浸种24小时后催芽，也可提高发芽率，但效果不如茄子砧木快速催芽剂。

3. 播种育苗

茄子砧木播种条件和方法与茄子常规育苗相同，但管理方法有所不同。主要特点是，播种后到嫁接前管理都以促为主，不蹲苗，地温最好一直维持在20℃左右，气温比常规育苗高2~3℃，水分和营养应满足幼苗生长的需要，促进幼苗的快速生长。当幼苗生长到5~6片真叶时嫁接。接穗品种的育苗管理方法与常规育苗相同。

（三）嫁接技术

1. 嫁接时期的确定

茄子嫁接的适宜时期取决于砧木和接穗品种苗的幼茎的粗度，当幼茎粗度达0.4~0.5厘米嫁接效果最好。嫁接过早，幼茎细、节间短，不便操作，影响嫁接成活率；嫁接过晚，虽然容易操作，但幼茎木质化程度较高，降低嫁接成活率。茄子嫁接的位置在第二片与第三片真叶之间，多数砧木品种幼苗嫁接部位达到嫁接粗度时为5~6片真叶。所以，砧木品种幼苗达到5~6片真叶，接穗品种幼苗达到4~5片真叶是嫁接的适宜时期。

2. 嫁接条件

茄子嫁接的用具主要是刀片和夹子。刀片用于切削砧木接口和接穗斜面，可采用双面刀片。为便于操作，嫁接前将双面刀片沿中线纵向折成两半，截去两端无刀锋部分备用。夹子用于固定嫁接苗的接口，最好选用上海、天津等地大批生产的茄子嫁接专用塑料夹，一次购买可多次反复使用。嫁接场所应选择靠近苗床、光线较暗、温度偏低的场地，嫁接前先在周围喷水，提高空气湿度。嫁接可在长条凳或垫起的木板上进行，有专人嫁接、专人取运幼苗，分工作业，以防差错。在嫁接场所附近要扣足够的遮阴塑料小拱棚，嫁接完的幼苗随即移入棚内，在遮阴保湿的条件下保存。

3. 嫁接方法

茄子可采用多种方法嫁接，但生产中多采用劈接和斜切接。

劈接时将长有砧木苗的营养钵放在嫁接台上，接穗幼苗放在附近，先将砧木幼苗从第二片真叶上方切断，弃去上部，下部在茎切口的中间用刀片向下劈开，切口深度1～1.5厘米为宜。然后选取粗度与砧木相似的接穗苗，在顶部向下第三片真叶上方、紧贴第三片真叶处切断，弃掉下部，将上部用刀片削成楔形，大小与砧木的切口深度相当。削好后立即将接穗插入砧木的切口中，注意将接穗和砧木的表皮对齐，然后用嫁接夹子夹在接口上即可。如没有嫁接夹子，可用地膜条绑缚。

斜切接时先用刀片在砧木苗基部第二片真叶上方斜

削成斜面，斜面长 1 ~ 1.5 厘米，留幼苗下部备用。再将接穗苗拔下，用刀片在顶部向下第二片至第三片真叶间与砧木相对应削断，保留幼苗的上部。然后立即将砧木和接穗的斜面贴合在一起，用嫁接夹子固定或用地膜条绑缚。

在茄子嫁接时应注意如下问题。嫁接的刀片要保持刀刃锋利、表面清洁，夹子在使用前用40%甲醛200倍液浸泡8小时消毒；及时发现和淘汰病苗，防止病害通过嫁接传染；嫁接苗的砧木至少要保留两片真叶，避免嫁接口过低感染根茎病害；劈接的切口位置应在茎的中间，斜切接的切口要平整，不能过短以免结合不牢固；砧木和接穗的粗度相似宜采用斜切接，否则宜采用劈接，劈接时至少要砧穗间一侧的表皮对齐；劈接伤口愈合得牢固，但不如斜切接操作简单、速度快、效率高，大量嫁接宜采用斜切接。

（四）嫁接苗的管理技术

1. 嫁接口愈合期的管理

茄子嫁接苗的伤口愈合期为 9 ~ 10 天。在此阶段幼苗管理主要是创造适宜的环境条件，促进接口快速愈合，提高嫁接成活率。

茄子嫁接苗伤口愈合对温度要求严格，适宜的温度为白天气温 25 ~ 26℃，高于 30℃或低于 20℃都会延长伤口愈合期，降低成活率。在低温季节，嫁接苗愈合期最好用电热温床培养；高温季节，则应采用降温遮阳棚培养。

茄子嫁接为断根嫁接，湿度对嫁接苗伤口愈合的影响很大。嫁接后1周内要求空气湿度在90%以上，湿度不足明显降低成活率。嫁接苗伤口愈合期应在塑料小拱棚内培养，棚内浇大水后密封，6~7天内不通风，温度过高遮阴降温。7天后开始通风，并根据温度、湿度条件逐渐加大通风量，但仍需保持较大的湿度，伤口完全愈合后转入正常管理。

茄子嫁接苗在伤口愈合初期需短时间遮光，避免阳光直射引起幼苗萎蔫。遮光方法是塑料拱棚上加盖遮阳网，在嫁接后3~4天应全部遮严，4天后根据条件逐渐减少遮光面积和延长见光时间，伤口完全愈合后恢复正常管理。嫁接苗遮光、特别是完全遮阴的时间不能过长，不能遮全光。否则，不但不能促进幼苗伤口的愈合，还会延长伤口愈合的时间，影响幼苗生长。

2. 嫁接苗的后期管理

茄子嫁接苗伤口愈合后到定植前，温度、湿度和光照管理与常规育苗相同。根据嫁接苗的特点，后期管理主要注意以下几点。

（1）及时摘除砧木萌芽　茄子嫁接时已切除了砧木的上部生长点，在嫁接后经过一段高温、高湿和遮光管理，砧木基部保留的叶腋侧芽极易萌发，且生长速度很快，必须及时摘除，否则将严重影响上部接穗的生长发育。通常在嫁接6~7天后，选择温度较高、湿度较大的放风期，彻底摘除砧木萌生的腋芽，由于嫁接苗砧木腋芽萌生的时间不同，摘除砧木萌芽应分多次及时进行。摘除砧木萌芽时，要避免伤及嫁接苗保留的砧木叶片，否则对幼苗的生长有明显的影响。

（2）嫁接苗要分级管理　在嫁接时，由于不同嫁接苗间的砧穗组合在幼茎的粗度、保留叶片的数量，以及嫁接的质量等方面有所不同，必然导致嫁接苗伤口愈合和生长速度的差异，降低幼苗的整齐度。所以，嫁接苗应分级管理，将伤口愈合不良、生长速度慢的小苗挑选出来，提供良好的温度、光照和水肥条件，促进生长发育，使其逐渐赶上大苗，提高嫁接苗的整齐度。此外，还应注意及时发现和淘汰假成活的幼苗。

（3）适时去除固定物　茄子嫁接苗的去夹或解缚必须在伤口完全愈合、接口结合牢固后进行，特别是斜切接的幼苗不能过早，以免在管理过程中从嫁接口处折断。茄子的茎秆木质化程度较高，采用嫁接夹固定的幼苗即使去夹晚些，对幼苗的生长也无明显影响，最晚可延迟到定植后再去夹。采用地膜条绑缚的幼苗，应在伤口完全愈合后尽早解缚，以免影响幼苗生长。

茄子嫁接苗生长到 8 ~9 片叶（包含两片砧木叶）时即可定植。壮苗的标准是：根系发达，叶片肥大、叶片厚、叶色深，砧木保留的叶片完好，茎秆粗壮，现大蕾。

第二节　茄子标准化生产栽培技术

一、茄子定植技术

（一）定植前的准备

露地栽培茄子应选有机质含量高，土层深厚，保水保肥，排水良好的土壤。茄子最不耐连作，应选5年内不重茬或3年内没栽培过番茄、辣椒、马铃薯等其他茄科蔬菜，前茬最好为葱蒜类、豆类作物的地块栽培。

茄子生长期长，根系发达，扎根深，分布广，喜肥耐肥，必须深耕地，重施肥。北方地区春季早熟栽培的茄子，应在前1年秋季和当年早春进行两次深耕。秋季前茬作物收获后，搂出杂草、秸秆和落叶等杂物，施一部分有机肥，在土壤封冻前深翻30厘米。秋季深翻的地块经过冬季的冻晒可改变土壤结构，提高保水性，减少土壤中的病虫害源。春季土壤解冻后，及早进行深耙，以利于保墒。春季耙地时，要求平整细碎，并再施一部分优质有机肥。两次施肥总量为每亩施有机肥5 000～7 000千克，过磷酸钙50千克，草木灰200千克。上述肥料应预先混拌均匀，经过沤制并充分腐熟。定植前起垄或做畦。南方多雨或地势低洼、排水不良的地区，应采用高畦或高垄栽培，并挖深沟排水；地势较高、气候干旱地区，应采用平畦，以利于保水和灌溉。北方除干旱地区采用平畦外，多采用垄作，垄作灌溉和排水方便，有利于防病，能减少病害传播。前茬作物采收后接茬栽培茄子时，如华南地区或北方露地晚熟栽培，在清理好前茬作物后应立即深翻整地和施肥，再经过一段时间晾晒后，才能起垄或做畦定植。

（二）定植标准

茄子喜温，不耐霜冻，露地早熟栽培必须在当地春季终霜期过后土壤温度稳定在13～15℃时定植。定植过早易遭受冻害或寒害。为争取早熟，在不受冻的前提下，尽可能适时早栽。通常东北地区5月上中旬，华北地区4月下旬至5月上旬，华中地区3月下旬至4月上旬定植。早熟栽培还应培育适龄大苗，以苗龄80～90天，具8～9片真叶，带大蕾的壮苗定植为宜。北方露地晚熟茄子定植期应根据茬口灵活安排，但不要过迟，否则进入高温多雨期植株缓苗生长慢，易发病，产量低。

茄子栽培的密度应根据栽培品种特性、栽培季节和方式、土壤肥力等条件确定。一般早熟品种比晚熟品种栽植密度大，株型紧凑的品种比开展度较大品种栽植密度大；栽培季节环境条件适宜、生长期较长或土层深厚、肥力较高的地块不适宜栽植密度过大。东北和西北无霜期较短的地区栽植密度较大，通常早熟或株型紧凑的品种每亩栽植3 000～4 000株，晚熟或株型开张的品种每亩栽植2 500～3 000株，春季采用生长势中等的品种进行早熟、不越夏栽培，每亩栽植株数可达4 000株以上。在华北、华中和西北南部生长期长、生态环境较好的地区栽植密度不宜过大，通常早熟或株型紧凑的品种每亩栽植2 000 ~3 000 株，晚熟或株型开张的品种每亩栽植1 500 ~2 000株。华南生态环境较好的地区更宜稀植，晚熟或株型开张的品种每亩最低可栽1 000 ~1 500株。

露地茄子应采用加大行距、缩小株距的栽植方式，进行宽行、宽垄密植。这样不仅能降低群体内的消光程度，改善通风透光条件；还能够有效地降低田间的湿度，减缓绵疫病、果腐病、灰霉病和白粉病等病害的发生和蔓延；同时也利于浇水、施肥、施药和采收等田间管理作业。为增加栽植株数，可进行大畦双行或双垄带状栽植。如华中地区采用1.3 米宽大畦，畦内两垄行距0.6 米，株距0.5 米，畦间行距0.7 米，每亩栽植2 000 株；北方采用1.2 米大垄双行，垄内行距0.5 米，株距0.4 米，垄间行距0.7 米，每亩栽植2 800株。

茄子根系再生能力较差，秧苗必须带土坨定植，以利于根系的保护和定植后的缓苗生长。土坨的大小应与幼苗相适应，一般80 ~90 天苗龄带花蕾的大苗，土坨规格应不小于9 厘米×9 厘米（塑料钵规格）。茄子定植应选择无风的晴天上午进行。这种天气虽然温度较高，但幼苗水分蒸发量较小、萎蔫轻，有利于缓苗。定植前地表应覆盖地膜，以提高地温，保持水分，促进幼苗根系生长，加快缓苗速度，提早成熟，增加产量。春季早熟栽培通常在定植前3 ~5 天，在打好的垄或畦表面铺设地膜，以利于提高土温；定植时先在地膜上打深孔，按每亩施用20～25千克复合肥的用量施入口肥，覆盖2厘米以上的细土后将幼苗带坨坐入穴内扶正，盖覆土后立即浇足底水，水完全渗入后再覆细土封穴。封穴时应将四周地膜用土压严，以防透风和损坏地膜。茄子较宜深栽，所谓“黄瓜露坨，茄子没脖”，栽植深度以子叶露出地表1厘米左右为宜，栽得太深土温较低，不利于缓苗生长；栽得太浅则扎根不稳，易倒伏。

二、茄子田间管理技术

（一）浇水技术

茄子灌溉水的水质，应符合农业部规定的标准（NY 5010-2002）；浇水的次数和数量，根据栽培季节的气候条件和植株的生长发育需要确定。

通常在茄子定植时应浇足底水，定植后的缓苗期一般不浇水，只有定植浇水少或土壤保水性差出现缺水现象时，才在缓苗期补水。植株心叶舒展、开始生长，已度过缓苗期后可浇1次缓苗水，缓苗水最好按株浇，水量不能过大。浇水后在地表土壤见干时应及时将植株周围表土铲碎，缺土植株培土，以利于保水；如未覆盖地膜的应及时中耕。浇过缓苗水后一直到门茄瞪眼阶段称为蹲苗期，此期应控制水分，以中耕保水为主，不明显缺水不浇。蹲苗期过后，植株进入旺盛生长期，需水量增加，应适当浇水促进植株生长。此阶段植株缺水时果形变短，影响果实膨大；水分充足则果实膨大快，发育好。土壤持水量保持在80%为宜，浇水方式应采用膜下浇大水，以减少浇水次数，不要小水勤浇。植株采收初期，即对茄和四面斗迅速膨大期，植株需水量最大，此后每隔5～7天浇1次水，满足水分供应。进入雨季以后，应注意排水、防涝。夏季高温降热雨后要及时浇水降低温度和田间空气湿度，以防止沤根和绵疫病、果腐病等病害的发生和蔓延。

（二）施肥技术

1. 茄子施肥的种类及相关标准

茄子施肥方式主要有定植前施基肥，定植时施口肥，生长过程中的追肥和叶面喷肥等。施肥应以基肥为主，提倡重施有机肥做基肥。施用的肥料种类应在农业部无公害农产品肥料施用原则（NY/T 394）规定的范围内（表5－1），有机肥必须符合卫生要求标准（表5－2），肥料中重金属的含量应低于限量要求标准（表5－3）。

表5－1　茄子适宜使用的肥料种类　（NY/T 394）

分类	名称	简　介
农家肥料	堆肥	以各类秸秆、落叶、人畜粪便堆制而成
	沤肥	堆肥的原料在淹水条件下进行发酵而成
	家畜粪尿	猪、羊、马、鸡、鸭等畜禽的排泄物
	厩肥	猪、羊、马、鸡、鸭等畜禽的粪尿与秸秆垫料堆成
	绿肥	栽培或野生的绿色植物体
	沼气肥	沼气池中的液体或残渣
	泥肥	未经污染的河泥、塘泥、沟泥等
	饼肥	菜籽饼、棉籽饼、芝麻饼、花生饼等

（续表）

分类	名称	简　介
商品肥料	商品有机肥	以动植物残体、排泄物等为原料加工而成
	腐殖酸类肥料	泥炭、褐炭、风化煤等含腐殖酸类物质的肥料
	硅酸盐细菌肥料	含有硅酸盐细菌、其他解钾微生物制剂
	复合微生物肥	含有两种以上有益微生物，它们之间与不拮抗的微生物制剂
商品肥料	有机无机复合肥	有机肥、化学肥料或（和）矿物源肥料复合而成的肥料
	氮肥	尿素、硫酸铵、碳酸氢铵
	磷肥	磷矿粉、过磷酸钙
	钾肥	硫酸钾、氯化钾
	钙肥	生石灰、熟石灰、过磷酸钙
	硫肥	硫酸铵、石膏、硫磺、过磷酸钙
	镁肥	硫酸镁、白云石、钙镁磷肥
	微量元素肥料	含有铜、铁、锰、锌、硼、钼等微量元素肥料
	复合肥	二元、三元复合肥

表 5-2　有机肥卫生标准　（NY/T 394）

名称		卫生标准及要求
高温堆肥	堆肥温度	最高堆温达 60～66℃，持续 6～7 天
	蛔虫卵死亡率	96%～100%
	粪大肠菌值	10^{-1}～10^{-2}
	苍蝇	有效控制苍蝇孳生，肥堆周围没有活蛆、蛹或新羽化的成蝇
沼气发酵肥	密封贮存期	30 天以上
	高温沼气发酵温度	(63±2)℃持续 2 天
	寄生虫卵沉降率	96%以上
	血吸虫卵和钩虫卵	在使用粪液中不得检出活的血吸虫卵和钩虫卵
	粪大肠菌值	普通沼气发酵 10^{-4}，高温沼气发酵 10^{-1}～10^{-2}
	蚊子、苍蝇	控制蚊蝇孳生，粪液无孑孓。池周围无活蛆、蛹或新羽化的成蝇
	沼气池残渣	经无害化处理后方可用作农肥

表 5-3　肥料中主要重金属含量的限量指标　（NY/T 394）

项　目	限量指标（毫克/千克）
砷（以 As 计）	0.5
镉（以 Cd 计）	0.05
铅（以 Pb 计）	0.2

2. 茄子施肥技术标准

茄子为喜肥作物，需肥量多，耐肥性强，土壤状况和施肥对生长发育影响较大。营养条件好，植株坐果率高，果实膨大速度快；营养不良会导致植株短花柱花增多，坐果率降低，果实小，产量低。

茄子各生长发育时期对营养要求不同，苗期需肥量低、不足总量的 1%，开花初期以后需肥量逐渐增加，盛果期需求量最大，占总量的 60% 以上。栽培过程中，除施足基肥和口肥外，主要根据各生育时期的特点和植株的生长状态及时追肥。植株开花前主要是营养生长，为开花结果打好的基础，可随缓苗水追施催苗肥，每亩施硝酸铵 15～20 千克或尿素 10～15 千克。从开花至门茄坐果为蹲苗期，适当控制水分和营养供应，有利于开花坐果，一般不施肥。门茄进入迅速膨大期后，植株需肥量增大，应结合浇水进行第二次追肥，每亩追施磷酸二铵、复合肥或尿素 10～15 千克。对茄和四面斗相继坐果膨大后进入盛果期，此时茄子需肥水量逐渐达到高峰期，应及时结合浇水施肥，一般每隔 5～7 天随浇水施 1 次速效肥料，原则是少量勤施。植株生长前期施肥以氮肥和磷肥为主，进入盛果期后要逐渐增施钾肥，减少磷肥，因为植株缺钾易感病、易倒伏，而磷肥过多易引起果实僵硬。果型较大的圆茄品种，追肥的重点是门茄瞪眼到四面斗采收期；而果型较小的长茄品种，追肥的重点是对茄膨大到八面风膨大期。

叶面追肥是茄子生长期在叶面上喷施肥料，由叶片直接吸收利用的追肥方式，可迅速补充营养，促进植株生长发育，提高抗性，增加产量。茄子叶面追肥一般在开花结果期进行，如每亩喷施 1 支叶面宝营养剂，可增加植株微量元素供应，促进开花结果；结果期每 15 天喷施 1 次 0.2% 尿素和 0.3% 磷酸二氢钾的混合液，可使叶色转深，增加产量。叶面喷肥时应在下午日落前进行，喷雾要细，均匀周到，以利于叶片吸收。

在有条件的地区，最好测土配方施肥，根据茄子的产量和养分吸收量，以及菜田土壤养分状况确定施肥量，根据植株的生长发育特点确定施肥期，根据肥料的性质确定施肥方法。茄子整个生长期对氮肥和钾肥的需求量很大、对磷肥的需求量相对较少，有相关研究表明，每生产 1 000 千克的茄子，大约需吸收氮 3.24 千克、五氧化二磷 0.94 千克、氧化钾 4.49 千克。村村通网建议您使用氮、钾含量相对较高的复合肥，尤其是在茄子开花结果期，要特别注意氮肥、钾肥的补充。

（三）植株调整技术

茄子植株调整主要包括除侧芽、摘老叶、整枝摘心和防止落花落果等措施。植株调整可调节植株营养生长和生殖生长的关系，改善群体的通风透光条件，减少落花落果，促进果实生长，提早成熟，提高产量。

1. 摘除侧芽

茄子植株在生长到一定节位时，顶芽变为花芽，即为门茄花，顶芽下的相邻两个腋芽抽生出两个生长较均衡的侧枝，代替主枝构成双杈分枝。在第一个分杈以下的主干上，每个叶腋都可能抽生出侧芽，这些侧芽都要在叶片充分展开前及时摘除。两个分枝生长到一定节位后，也同主枝一样进行双杈分枝，两次双杈分枝间的叶腋抽生的侧芽也必须全部摘除。摘除侧芽的方法是在门茄坐稳后，将门茄以下抽生的腋芽全部摘除；在对茄和四面斗坐稳后，又将其下部抽生的腋芽全部摘除。摘除侧芽有利于控制植株营养生长，改善通风透光条件，促进开花结果，提高产量。

2. 摘老叶

在植株生长中后期，摘除侧芽的同时可摘除植株下部失去光合功能的衰老和病虫危害严重的叶片。适度摘叶可改善群体通风透光条件，减少营养消耗，促进开花坐果。但摘叶不能过度，尤其不能摘掉功能叶片，因为植株的生长和产量的形成都依靠叶片光合作用制造的营养，摘掉功能叶片会引起植株营养不良，导致减产。摘叶的方法是，对茄长到商品果大小的一半时摘除门茄以下已衰老叶片，当四面斗长到商品果大小的一半时摘除对茄以下已衰老叶片。以后可不再摘叶，进一步的植株调整主要依靠整枝摘心。

3. 整枝摘心

露地茄子栽培一般不进行整枝摘心，只有在群体密度较高需要改善通风透光条件，或植株生长期较短需提早结果或需要集中结果期时，才进行整枝摘心。整枝是指将植株的一部分侧枝打掉，以改善通风透光条件，促使营养供应集中，确保果实生长的方法。摘心是在植株生长达到一定程度、坐果数已满足生产要求，在果实上方留一定数量叶片后摘除生长点，以控制营养生长，促进果实发育的方法。生产中的整枝摘心方法主要有3种，第一种为摘心不整枝，适用于中、大果型品种高产栽培，方法是植株四面斗现蕾前正常摘侧芽、摘老叶，现蕾后上部留2~3片叶摘心，以后新发枝条全部摘除，全株每株保留7个果。第二种为四干整枝法，适用于中、小果型品种高产栽培，方法是植株四面斗坐果前正常摘侧芽、摘老叶，四面斗坐果后上部各打掉1个枝条，即四面斗坐果后全株只留4个枝条，以后只保留4个枝持续生长，新发枝条全部摘除。第三种为双干整枝法，适用于露地密植和保护地栽培，是在植株第一次分杈时保留两个分枝，以后每次分杈都保留一个分枝，打掉另一个分枝，使植株一直保持两个结果枝。双干和四干整枝法在植株生长到一定高度，坐果数已满足生产要求，也可在果实上方留2~3片叶摘心，以控制营养生长，促进果实发育。

4. 防止落花落果的措施

在北方露地早熟茄子栽培中，常由于前期温度低使开花时授粉受精不良，导致落花落果，严重影响早期产量。防止落花落果的根本方法是根据发生原因有针对性地加强苗期田间管理，改善植株的营养状况。此外，还可以使用植物生长调节剂防止因低温弱光引起的落花落果。生产中常用的生长调节剂主要有萘乙酸（NAA）、对氯苯氧乙酸（PCPA）等，使用的浓度萘乙酸为 10 毫克/升，对氯苯氧乙酸为 40 ~ 50 毫克/升；处理的方法是，在茄子大蕾期或花朵刚开放时用上述药液涂抹、蘸花或喷花。沈阳农业大学研制的茄子丰收素对叶片和生长点无害，可用来喷花。生长调节剂处理最好在晴天避开中午高温时进行，温度过低或重复处理易形成僵果。

第六章　茄子的病虫害防治

第一节　茄子的病虫害防治的原则及方法

茄子病虫害的防治，必须贯彻“预防为主，综合防治”的方针。

一、农业防治措施

在宏观上，茄子生产要纳入到当地大农业生产中，统一安排农田耕作、轮作方针。在微观上，每一茬菜的栽培过程中，从茬口安排、品种选择、整地做畦、种子消毒、播种育苗到定植、田间管理、产品采收、采后处理等各个农事环节，都必须严格遵守操作规程。

1. 选用抗病良种

选择适合当地生产的高产、抗病虫、抗逆性强的优良品种，少施药或不施药，是防病增产经济有效的方法。

2. 栽培管理措施

（1）实行轮作倒茬，不仅可明显减轻病害而且有良好的增产效果，如棚室茄子种植两年后，在夏季种一季大葱也有很好的防病效果。

（2）清洁田园，彻底清除病株残体、病果和杂草，集中销毁深埋，切断传播途径。

（3）采取地膜覆盖，膜下灌水，降低湿度。

（4）实行配方施肥，增施腐熟好的有机肥，配合施用磷肥、钾肥，控制氮肥的施用量，生长后期可使用硝态氮抑制剂双氰胺，防止茄子中硝酸盐的积累和污染。

（5）在棚室通风口设置防虫网，以防白粉虱、蚜虫等害虫的入侵。

（6）深耕改土等改进栽培措施。推广无土栽培。深耕的目的是破坏病菌的生存环境，一般要求每次收获后深耕40厘米，借助自然条件，如低温、紫外线等杀死一部分病菌。

（7）棚室消毒。在夏季茄子换茬间隙，深耕后浇足水，盖上塑料薄膜进行高温消毒，可使上层10厘米处最高温度达70℃，能够杀死大量病菌，是一种简单有效的防控方法。

（8）换土。对一些较为固定、品种选择余地小而且投资大、效益高的茄子设施栽培如日光温室，可采用去老土换新土的办法控制土传病害。换去耕层表土，用无毒表土补充。

二、生态防治措施

主要通过调节温湿度、改善光照条件、调节空气等生态措施，促进茄子健康生长，抑制病虫害的发生。这主要是针对保护地栽培中的水、气、光、温、湿的控制而言。所以在温室等保护地栽培中，应当注意以下几个问题。

（1）“五改一增加”。改有滴膜为无滴膜，改棚内露地为地膜全覆盖种植，改平畦栽培为高垄栽培，改明水灌溉为膜下暗灌，改大棚中部放风为棚脊高处放风；增加棚前沿防水沟，集棚膜水于沟内排除渗入地下，减少棚内水分蒸发。

（2）在冬季大棚的浇水上，掌握“三浇、三不浇、三控”技术。晴天浇、阴天不浇，上午浇、下午不浇，暗水浇、明水不浇；苗期控制浇水，连阴天控制浇水，低温控制浇水。

（3）在防治病虫害上，能用烟雾剂和粉尘剂防治的不用喷雾防治，减少棚内湿度。

（4）经常擦拭棚膜，保持棚膜的良好透光，增加光照，提高温度，降低相对湿度。

（5）在防冻害上，通过加厚墙体、双膜覆盖，采用压膜线压膜减少孔洞，加大棚体，挖防寒沟等措施，提高棚室的保温效果，能使相对湿度降至80%以下，可提高棚温3～4℃，从而有效地减轻茄子的冻害和生理病害。

（6）植物治虫。利用大蒜、洋葱、丝瓜叶、番茄叶的浸出液制成农药防治蚜虫、红蜘蛛，利用苦参、大葱叶的浸出液防治蚜虫、菜青虫、菜螟虫。大葱的根际能产生抗菌微生物，对病菌能起到抑制作用，从而防止多种茄子病害。通过将茄子同大葱等作物间作、混作或轮作，能有效地阻止病原菌的繁殖，土壤中已有病原菌的密度下降，从而达到消毒土壤的目的。

三、物理防治措施

1. 晒种、温汤浸种

播种或浸种催芽前，将种子晒2～3天，可利用阳光杀灭附在种子上的病菌；茄子的种子用50℃温水浸种10～15分钟也能起到消毒杀菌的作用。

2. 利用太阳能高温消毒、灭病灭虫

常用方法是高温闷棚或烤棚，夏季休闲期间，将大棚覆盖后密闭，选晴天闷晒增温，可达60～70℃，高温闷棚4～7天可杀灭土壤中的多种病虫害。

3. 嫁接栽培

利用平茄、刺茄、托鲁巴姆作砧木进行嫁接，能有效地防治茄子枯萎病、黄萎病、青枯病、线虫等病害，并且抗重茬，品质好。

4. 诱杀

利用白粉虱、蚜虫的趋黄性，在棚内设置黄油板、黄水盆等诱杀害虫。

5. 喷洒无毒保护剂和保健剂

茄子叶面喷洒巴母兰400～500倍液，可使叶面形成高分子无毒脂膜，起预防污染效果；叶面喷施植物健生素，可增加植株抗病害的能力，且无腐蚀、无污染，安全方便。

四、农药选用原则和使用方法

1. 病虫害防治的药剂选用原则

（1）所有使用的农药都必须经过农业部农药检定所登记　严禁使用未取得登记和没有生产许可证的农药，

以及无厂名、无药名、无说明书的伪劣农药。很多菜农在用农药防治病虫害时，往往不注意茄子上市前的使用间隔时间，造成茄子上的农药残留量大。现将农业部农药检定所在茄子上常使用的农药合理使用标准介绍如下，供菜农在茄子上市前使用农药时参考。

杀菌剂：75%百菌清可湿性粉剂在上市前7天使用；77%可杀得可湿性粉剂3~5天；50%扑海因可湿性粉剂4~7天；70%甲基托布津可湿性粉剂5~7天；50%农利灵可湿性粉剂4~5天；50%加瑞农可湿性粉剂、58%甲霜灵·锰锌可湿性粉剂2~3天；64%杀毒矾可湿性粉剂3~4天。

杀虫剂：10%氯氰菊酯乳油在上市前2~5天使用；2.5%溴氰菊酯2天；2.5%功夫乳油7天；5%来福灵乳油3天；1.8%爱福丁乳油7天；10%快杀敌乳油3天；40.7%乐斯本乳油7天；20%灭扫利乳油3天；20%氰戊菊酯乳油5天；35%优杀硫磷7天；20%甲氰菊酯乳油3天；25%喹硫磷乳油9天；50%抗蚜威可湿性粉剂6天；5%多来宝可湿性粉剂7天。

杀螨剂：50%溴螨酯乳油14天；50%托尔克可湿性粉剂7天。

（2）禁用药物　禁止在茄子上使用甲胺膦、水胺硫磷、杀虫脒、呋喃丹、氧化乐果、甲基1605、1059、苏化203、3911、久效磷、磷胺、磷化锌、磷化铝、氰化物、氟乙酰胺、砒霜、溃疡净、氯化苦、五氯酚钠、二溴丙烷、401、氯丹、毒杀酚和一切汞制剂农药以及其他高毒、高残留农药。

（3）尽可能选用无毒、无残留或低毒、低残留的农药　具体来说，有以下5条原则。一是选择生物农药或生化制剂农药，如Bt、8010、白僵菌、天霸、天力二号、菜丰灵等。二是选择特异昆虫生长调节剂农药，如抑太保、卡死克、除虫脲、灭幼脲、农梦特等。三是选择高效低毒、低残留的农药，如敌百虫、辛硫磷、克螨特、甲基托布津、甲霜灵等。四是在灾害性病虫害会造成毁灭性损失时，才选择药效为中等毒性和低残留的农药，如敌敌畏、乐果、速灭杀丁、天王星、敌克松等。五是尽可能使用土农药，土农药来源广，制作简单，防治病虫效果好、无副作用，如用尿洗合剂（600～800倍液的洗衣粉和少量尿素配合）和烟草石灰水防治蚜虫、红蜘蛛、粉虱等，效果达84%以上。

2. 农药使用的方法

（1）熟悉病虫种类，了解农药性质，对症下药　茄子病虫种类虽然多，但如果掌握它们的基本习性，正确辨别和区分有害生物的种类，根据不同对象选择适用的农药品种，就可以收到好的防治效果。

（2）掌握好用药量　各种农药对防治对象的用药量都是经过试验后确定的。因此，在生产中使用时不能随意增减。不得盲目私自提高使用浓度，提高用量不但造成农药浪费，而且也造成农药残留量增加，易对茄子产生药害，导致病虫产生抗性，污染环境；用药量不足时，则不能收到预期防治效果，达不到防治目的。

（3）药剂正确混配、轮换使用　正确混配，以延缓防治对象抗性生成。同时，混配农药还有增效作用，兼治其他病虫，省工省药。根据农药在水中的酸碱度不同，可将其分成酸性、中性和碱性 3 类。在混合使用时，要注意同类性质的农药相混配，中性与酸性的也能混合，但凡是在碱性条件下易分解的有机磷杀虫剂以及西维因、代森铵等都不能和石硫合剂、波尔多液混用，必须随配随用。农药混用还应注意混用后对作物是否产生药害。一般无机农药如石硫合剂、波尔多液等混用后可增强农药的水溶性或产生水溶性金属化合物，这种情况下植株易受药害。为了延长一个农药品种使用的“寿命”，防止单一用药产生抗药性，有的农药在出厂时就已经是复配剂。如 58% 甲霜灵 · 锰锌是由 48% 的代森锰锌和 10% 的甲霜灵混合而成。

（4）喷洒农药要遵守农药安全规程

第一，配药时，配药人员要戴胶皮手套，必须用量具按照规定的剂量称取药液或药粉，不得任意增加用量。严禁用手拌药，拌种，要用工具搅拌，用多少拌多少。拌过药的种子应尽量用机具播种。如果手撒或点种时，必须戴防护手套，以防皮肤吸收农药中毒。毒种一次性用完，不能长期放置。

第二，配药和拌种时应选择远离饮用水源和居民点的安全地方，要有专人看管，严防人、畜、禽误食中毒。使用手动喷雾喷药时应隔行喷。手动和机动药械均不能左右两边同时喷。大风和中午高温时应停止喷药。

药桶内药液不能装得过满，以免晃出桶外，污染施药人员的身体。

第三，喷药前应仔细检查药械的开关、接头、喷头等处螺丝是否拧紧，药桶有无渗漏，以免漏药污染。喷头在使用过程中如发生堵塞，应先用清水冲洗后再排除故障，绝对禁止用嘴吹吸喷头和滤网。

第四，施用工作结束后，要及时将喷雾器清洗干净。清洗药械的污水应选择安全地点妥善处理，不准随地泼洒，防止污染，盛过农药的包装空箱、瓶、袋等要集中处理。

第五，施药人员要注意个人防护。穿长袖上衣、长裤和鞋、袜。在操作时禁止吸烟、喝水、吃东西，不能用手擦嘴、脸、眼睛，绝对不准互相喷射嬉闹。每日工作后喝水、抽烟、吃东西之前要用肥皂彻底洗手、脸并漱口。有条件的应洗澡。被农药污染的工作服要及时换洗。施药人员每天喷药时间一般不得超过 6 小时。使用背负式机动药械，要 2 人轮换操作，连续施药 3 ~ 4 天后应停休 1 天。患皮肤病及其他疾病尚未恢复健康者，以及哺乳期、孕期、经期的妇女暂停喷药。操作人员如有头痛、头昏、恶心、呕吐等症状时，应立即离开施药现场，脱去污染的衣服，漱口，擦洗手、脸和皮肤等暴露部位，及时送医院治疗。

五、生物防治措施

生物防治是利用害虫的天敌防治害虫的方法。此法对人、畜及农作物安全，不杀伤天敌及其他有益生物；

不会造成环境污染，往往能收到较长期的控制效果，天敌的资源比较丰富。但生物防治也有其局限性，杀虫作用比较缓慢；杀虫范围较小，受气候条件影响较大，从试验到应用往往需要较长的时间。

1. 保护和利用害虫天敌防治虫害

主要利用寄生蜂、瓢虫、蜘蛛、草蛉等天敌动物来消灭害虫保护农作物，减少农药使用量，防止农药的污染危害。利用丽蚜小蜂防治白粉虱，利用赤眼蜂防治菜青虫、玉米螟、棉铃虫，利用七星瓢虫、草蛉防治蚜虫、螨类，利用青蛙防治蝶类、蛾类害虫。

2. 利用微生物和病毒等生物农药防治农作物害虫

生物农药有 Bt、菜青虫颗粒体病毒制剂、有益微生物增产菌等。微生物农药属活体制剂，对茄子无污染、无残留。

第二节 茄子的主要病害及其防治

茄子的常见病害主要有猝倒病、立枯病、黄萎病、绵疫病、青枯病、褐纹病、早疫病、灰霉病、菌核病等，其中苗期易发猝倒病和立枯病，连作易发黄萎病，保护地易发灰霉病，夏季高温高湿易发生绵疫病和青枯病。

一、茄子猝倒病

【危害症状】幼苗出土后染病，初期在幼茎基部呈暗绿色水浸状病斑，很快发展绕茎一周，病部组织腐烂凹陷，子叶和幼叶尚未枯萎时幼苗倒伏，呈猝倒状，然后萎蔫失水，缢缩成线状干枯。初期只有少数幼苗发病，几天后以此为中心逐渐向外扩展，引起幼苗成片猝倒。病情较重的苗床，常在幼苗出土前或刚出土即受侵染，呈水浸状腐烂，引起烂种、烂芽。湿度大时，病苗表面和附近地表生成白色絮状菌丝。

【发病规律】猝倒病是霉菌侵染引起的真菌性病害。病菌在植株残体和土壤中越冬，可由种子传播，借助于水侵染蔓延。幼苗在低温、高湿和光照不足条件下抗病性弱易感染，最适宜的发病温度为15～16℃。长时间低温高湿、高温高湿或湿度高秧苗密集均易发病。

【防治措施】

一是选择地势较高，排水良好，背风向阳的育苗场所，选用多年未栽培茄果类蔬菜的肥沃田土配制新床土。低温季节用温床或电热温床育苗。

二是播种时每平方米苗床用50%多菌灵可湿性粉剂3～4克，或70%苯来特可湿性粉剂4～5克，或50%代森铵可湿性粉剂5～6克，配成一定浓度药液，喷洒苗床消毒。

三是播种前浇足底水，幼苗期不浇水。苗床地温保持在18～20℃，最低不低于15℃。

四是催芽播种缩短种子出苗时间，出齐苗后及时通风降湿，湿度较大时施草木灰降低湿度。

五是适时提早分苗，降低秧苗密度。

六是发现病株及时拔除，用上述药土或草木灰消毒降湿，并立即选健株分苗，控制病害蔓延。

七是发病初期可用72%克露可湿性粉剂600倍液，或72.2%普力克水剂600倍液，或64%杀毒矾可湿性粉剂500倍液喷雾防治，每隔8天喷1次，连续喷2～3天。

二、茄子立枯病

【危害症状】立枯病从幼苗出土到定植都可发生，多发生于育苗中后期，严重时成片死亡。病株茎基部出现椭圆形或不规则形暗褐色凹陷斑，扩展绕茎一周后缢缩干枯死亡，发病初期晴天中午萎蔫，晚上到翌日清晨恢复，后期不再恢复，并继续失水直至立地干枯死亡。潮湿时病部和附近地表出现淡褐色蛛丝状霉斑。

【发病规律】立枯病是由立枯丝核菌感染引起的真菌性病害。病菌在病株残体和土壤中越冬，具有较强的腐生性，可在土壤中存活3～4年，借助雨水、灌溉水和带菌有机物传播蔓延。条件适宜可直接侵入幼苗，引起发病。病菌适宜的生长温度为18～28℃，在12℃以下或32℃以上病菌生长受抑制。高温、高湿有利于病菌繁殖和感染。苗床温度高、湿度大，通风不良，幼苗密度过大、徒长，分苗不及时，以及阴雨天气等环境条件，都有利于立枯病的发生和蔓延。南方酸性土壤发病较重。

【防治措施】

一是选用多年未种植过茄果类蔬菜的无菌土壤和充分腐熟的农家肥配制床土，酸性土壤加入石灰调节酸碱度。

二是苗期注意通风排湿，夜温不要过高，播种不要过密，增施磷、钾肥，防止幼苗徒长，及时间苗、分苗。

三是幼苗出齐时床面撒一薄层药土，预防病害发生。

四是发病初期及时分苗，或喷5%井冈霉素水剂500～800倍液，或70%代森锰锌可湿性粉剂500倍液，或20%甲基立枯灵乳油500倍液防治。在立枯病和猝倒病同时发生时可喷72%普力克水剂800倍液加50%福美双可湿性粉剂800倍液防治。

三、茄子黄萎病

【危害症状】茄子黄萎病又称凋萎病、半边疯、黑心病等，主要发生在门茄坐果以后，初期从下部叶片向上部叶片或从植株一侧叶片向全株发展，感病叶片从叶片边缘向叶中心脉间逐渐变黄，并逐渐发展到半叶至全叶变黄，失水萎蔫叶缘干枯上卷，严重时叶片干枯脱落。黄萎病为全株性病害，发病植株根、茎和叶柄维管束呈褐色或黑色，可挤出白色黏液。

【发病规律】黄萎病是半知菌引起的真菌性病害，病菌在种子、病株残体和土壤中越冬，在土中可存活6～8年，病菌从根部伤口或直接从根表皮、根毛侵入，在皮层细胞间繁衍，然后侵入维管束，在维管束内繁殖，随体液向地上部扩展，引起发病。在田间病菌靠风、雨、灌溉水及农事操作传播。病菌生长适宜温度为

19～23℃，超过28℃生长受到抑制。温暖潮湿和低温多湿发病重，重茬地易发病。此外，定植过早，移栽和定植伤根严重，施用未腐熟农家肥，大水漫灌等都有利于病害发生。

【防治措施】

一是选择抗病品种，如京茄2号、辽茄3号等，一般紫色品种抗病性优于绿色品种。

二是在无病田采种，用温汤或药剂浸种消毒。

三是采用药土下铺上盖播种或床土消毒后播种。

四是实行非茄科作物4年以上轮作，防病效果显著。

五是实行抗病砧木嫁接栽培是防治黄萎病最有效的措施。

六是实行护根育苗，适时定植、提高定植质量，减少伤根，低温期避免浇大水，保持较高的地温。

七是药剂防治，在定植时每亩用50%多菌灵可湿性粉剂5千克加细土100千克搅拌成药土，撒在定植穴内，做预防处理。定植后可用70%敌克松可湿性粉剂500倍液，或50%苯菌灵可湿性粉剂1 000倍液，或50% DT杀菌剂350倍液喷洒根部和地面或灌根处理。一般每隔10～14天施药1次。发病初期可用50%多菌灵可湿性粉剂500倍液做喷雾处理，或用70%甲基托布津可湿性粉剂500倍液，或克枯星可湿性粉剂500倍液，或70%敌克松可湿性粉剂1 000倍液进行灌根，每隔7～10天喷（灌）1次，连续喷（灌）2～3次。

四、茄子绵疫病

【危害症状】茄子绵疫病俗称水烂、掉蛋，是夏天雨季各地普遍发生的病害，特别是伏天多雨时常暴发成灾，造成毁灭性的损失。绵疫病主要危害果实，茎、叶、花朵危害较轻，近地表的果实最先发病。发病初期果实表面产生水浸状圆斑，稍凹陷，呈褐黄色，后迅速扩展到整个果实，潮湿时病部表面长满茂密的白色絮状霉，内部果肉变褐腐烂，后期脱落，在潮湿的地面上迅速腐烂。叶片发病呈水浸状不规则病斑，边缘不分明，有明显轮纹，后期呈褐色或紫褐色。茎部发病呈暗褐色水浸状缢缩，后变褐色，上部叶片萎蔫下垂。

【发病规律】茄子绵疫病是疫霉菌引起的真菌性病害，病菌在土壤和植株残体上越冬，借雨水和灌溉水喷溅传播，病菌适宜的温度为28～30℃，菌丝生长适宜湿度95%以上，湿度在85%时有利于形成孢子囊。高温、高湿是绵疫病发生的重要条件。

【防治措施】

一是选用抗病品种，一般圆茄品种比长茄抗病，紫茄比绿茄抗病，北京九叶茄、天津大民茄、辽茄4号等品种抗病性较强。

二是实行3年以上与非茄科作物轮作。

三是实行地膜覆盖、大垄宽行栽培，防止大水漫灌，注意通风排湿。

四是及时整枝、打杈，摘除老叶、病果，清洁茄园。

五是夏季伏天热雨后浇凉水降温排湿。

六是发病初期药剂防治，采用75%百菌清可湿性粉剂500倍液，或40%乙膦铝可湿性粉剂300倍液，或58%瑞毒锰锌可湿性粉剂500倍液，或50%安克锰锌可湿性粉剂500倍液，或72%普力克水剂800倍液，或72%克露可湿性粉剂800倍液，或52.2%抑快净水分散粒剂2 000倍液等喷雾防治，每隔7天喷1次，连喷2~3次。

五、茄子褐纹病

【危害症状】茄子褐纹病在各地普遍发生，多雨年份造成茄子大量腐烂。不仅在田间危害，在市场流通过程中也可危害严重。褐纹病在植株整个生长期都可发生，危害茄子的茎、叶片、果实和苗。幼苗发病在幼茎近地表处形成梭形褐色病斑，稍凹陷收缩，病斑扩展后形成猝倒或立枯，并在病部有许多小黑斑。叶片受害初期呈灰白色水浸状圆斑，逐渐变为褐色，病斑上轮生小黑点，后期扩大连片，干裂穿孔，最后脱落。茎部发病初期出现水浸状梭形病斑，边缘褐色，中间灰白色凹陷，后扩展为干腐溃疡状病斑，上生有许多隆起的小黑点，后期皮层脱落、木质部外露，易折。果实受害初期为水浸状褐色、圆形、凹陷病斑，渐变为黄褐色，发软，扩大到整个果实后常有明显同心轮纹，密生小黑点，严重时病斑连片，引起果实脱落或干缩成僵果残存在植株上。

【发病规律】茄子褐纹病是褐纹拟点霉菌引起的真

菌性病害，病菌在土壤和植株残体上越冬，可存活 2 年以上，田间借风、雨和灌溉水传播。种子可带菌，并引起幼苗发病。病菌适宜温度为 28 ~ 30℃，夏季高温、高湿病势发展迅速，连作地、低洼地和排水不良发病重。

【防治措施】

一是选用抗病品种，如北京七叶茄、紫长茄、辽茄 4 号、黑又亮等。

二是无病株采种，进行种子消毒处理。

三是实行 3 年以上与非茄科作物轮作。

四是用无病床土育苗，进行种子消毒处理。

五是实行地膜覆盖、大垄宽行栽培，防止大水漫灌，保护地栽培注意通风排湿。

六是发病初期及时摘除病果，进行药剂防治，采用 75% 百菌清可湿性粉剂 600 倍液，或 50% 苯菌灵可湿性粉剂 1 000 倍液，或 70% 代森锰锌可湿性粉剂 500 倍液，或 64% 杀毒矾可湿性粉剂 500 倍液，或 58% 瑞毒锰锌可湿性粉剂 500 倍液等喷雾防治，保护地栽培可用百菌清烟剂与喷雾交替使用，效果更好。

六、茄子灰霉病

【危害症状】茄子灰霉病在各地普遍发生，是保护地茄子生产中发展较快、危害严重的病害。植株整个生长期都可发病，多发生在成株期危害门茄和对茄。幼苗期发病，子叶先端枯死，后感染幼茎，使茎缢缩变细，自病部折断枯死。成株期多始于凋谢的花瓣，在花瓣上生成灰霉，再侵入幼果，使果实腐烂。果实染病后，在果蒂周围产生水浸状褐色病斑，后凹陷腐烂脱落，表面产生不规则轮状灰色霉斑。叶片染病从叶尖向内呈“V”字形浅褐色病斑，初期水浸状、边缘不明显，后期呈黄褐色带轮纹大型病斑，湿度大时病斑上密布灰色霉层。

【发病规律】茄子灰霉病是灰葡萄孢菌引起的真菌性病害，病菌在土壤和植株残体上越冬，田间借风、气流传播。病菌在2～30℃下都能生长，最适温度为15～23℃，但要求高湿条件。保护地栽培中低温高湿、通风不良，叶面结大量露水，最易发病。播种密度过大、幼苗徒长、分苗晚和湿度大诱发苗期发病。南方春季露地育苗，遇低温多雨天气，多发此病。

【防治措施】

一是用无病床土育苗，无病株采种，进行种子和床土消毒处理。

二是苗期秧苗不要过密，防止徒长。

三是实行3年以上与非茄科作物轮作。

四是保护地栽培及时调整温度、湿度，控制浇水，尽量增温排湿，防止夜间结露水。

五是使用生长调节剂时，1升药液加1克速克灵或农利灵有一定防病效果。

六是发病初期及时摘除病果，不要震动果实，带出室外掩埋。及时进行药剂防治，初期每亩用10%速克灵烟剂或45%百菌清烟剂200克熏烟防治。也可每亩采用5%百菌清粉剂，或10%杀霉灵粉剂1 000克喷粉防治。

熏烟和喷粉防治应在傍晚关闭棚室后施用，翌日通风。还可采用75%百菌清可湿性粉剂600倍液，或50%农利灵可湿性粉剂1 000倍液，或36%甲基硫菌灵悬浮剂500倍液等喷雾防治。采用以上方法和药剂每隔7～10天1次，交替施用，效果更好。

七、茄子青枯病

【危害症状】茄子青枯病主要发生在我国南方，高温高湿，特别是地温高时易发病。植株多在开花结果期发病，初期仅个别枝上部分叶片边缘失水，色泽变淡，局部萎蔫下垂，后扩展到全株，中午萎蔫、早晚恢复，很快呈青枯状凋萎，后期病叶变褐枯焦。病株根系变褐腐烂，病茎基部木质部呈褐色，枝条髓部溃烂。湿度大时或经过保湿，病茎横切面用手挤压，有乳白色菌脓黏液溢出，这是青枯病区别于黄萎病的重要特征。

【发病规律】茄子青枯病是青枯假单胞菌侵染引起的细菌性病害，病菌主要在土壤和植株残体上越冬，种子带菌。病菌通过风、雨、灌溉或农事操作传播，从植株根部、茎基部的伤口或直接从幼根侵入，蔓延扩展到枝叶。青枯病病原菌发育适温30～37℃，最高温41℃，最低10℃，地温25℃时，田间出现发病高峰，高温、高湿及酸性土壤发病重。定植晚、苗龄大，中耕晚，地下害虫多，伤根重，增加发病。重茬地、酸性地、黏重地、地下水位高和排水不良的地块发病重。

【防治措施】

一是选用抗病品种，无病株采种，进行种子消毒处理。

二是实行3年以上与非茄科作物轮作。

三是用无病床土育苗，进行播种消毒处理。

四是采用嫁接栽培，保护地栽培时应加强通风、适当遮阴，降低土壤温度，露地栽培可在畦面铺稻草、麦秸等，防止地温升高。

五是定植前土壤深翻晾晒，发病重的地块可用碳酸氢铵进行土壤消毒，方法是将菜畦浇湿后，每亩以50千克碳酸氢铵均匀撒在土表，然后用薄膜覆盖，5~7天后掀开薄膜，整地定植。酸性土壤结合整地，每亩施石灰50~100千克进行土壤改良和消毒。

六是发现病株，要及时拔除，病株要带出菜田外深埋或烧毁，病株周围土壤撒石灰防止病害扩散。发病初期采用72%农用硫酸链霉素4 000倍液，或50%琥胶肥酸铜可湿性粉剂500倍液，或农抗120水剂200倍液，或25%络氨铜水剂500倍液，或克菌康可湿性粉剂800~1 000倍液等浇灌根部，每株灌药液0.3~0.5升，每隔10天灌1次，连续灌3~4次。

八、茄子枯萎病

【危害症状】茄子枯萎病常伴随着黄萎病发生，是保护地栽培的重要病害。植株多在成年期发病，病株顶部叶片缺水状萎蔫，逐渐萎蔫加重变黄，最后从下部叶片逐渐向上变黄枯萎死亡。有时同一叶片仅半边变黄，另一半健全如常。解剖病茎，可见病部维管束呈褐色。此病易与黄萎病混淆，区分是前者叶脉变黄，后者叶间变黄。

【发病规律】茄子枯萎病是镰力菌侵染引起的真菌病害，病菌随病株残体在土壤中或附着在种子上越冬，也可在土壤中腐生。田间病菌通过雨水或灌溉水传播蔓延，从幼根或伤口侵入植株，进入维管束，堵塞导管，并产生有毒物质镰刀菌素，扩散后导致叶片黄枯而死。病菌生长适宜温度为25～28℃，土壤潮湿、连作地、移栽或中耕时伤根多及植株生长势弱的发病重。此外，酸性土壤及线虫取食造成伤口也利于发病。

【防治措施】

一是实行3年以上轮作，施用充分腐熟的有机肥，采用配方施肥技术，适当增施钾肥，提高植株抗病力。

二是选用耐病品种，采用抗病砧木嫁接栽培。

三是种子、苗床和床土消毒，用0.1%硫酸铜浸种5分钟，洗净后催芽，播种；播种时用50%多菌灵可湿性粉剂8～10克，加土拌匀，先将1/3药土撒在畦面上，然后播种，再把其余药土覆在种子上。

四是适时精细移栽定植，减少伤口；栽培前期控制水分、提高地温，以利于伤口愈合。

五是发病初期喷洒50%多菌灵可湿性粉剂500倍液，或70%甲基托布津可湿性粉剂700～800倍液，或36%甲基硫菌灵悬浮剂500倍液，也可用10%双效灵水剂或12.5%增效多菌灵浓可溶性粉剂200倍液灌根防治，每株灌药液100毫升，每隔7～10天灌1次，连续灌 3 ~ 4 次。

第三节　茄子的主要虫害及其防治

一、茄子截形叶螨

【害虫形态和危害症状】茄子截形叶螨也称红蜘蛛，体型较小，雌螨体长 0.55 毫米，宽 0.3 毫米，椭圆形，深红色，足及颚体白色，体侧具黑斑。雄螨体长 0.35 毫米，体宽 0.2 毫米；阳具柄部宽大，末端向背面弯曲形成一微小端锤，背缘平截状。成螨和若螨群聚在植株叶背吸取汁液，使叶片呈灰白色或枯黄色细斑，严重时叶片干枯脱落，影响生长，缩短结果期，引起减产。茄子截形叶螨在全国各地都有分布。

【发生规律】茄子截形叶螨每年可繁衍 10 ~ 20 代。在东北地区主要在保护地内越冬，华北地区以雌螨在土缝中或枯枝落叶上越冬；华中地区以各虫态在多种杂草上或树皮缝中越冬；华南地区由于冬季气温高可周年连续繁殖危害。每年早春气温高于 10℃，越冬成螨开始大量繁殖，于 4 月中下旬至 5 月上中旬开始危害茄子，先是点片发生，后向周围扩散。在植株上先危害下部叶片，后向上蔓延，繁殖数量多及大发生时，常在叶或茎、枝的端部群聚成团，滚落地面被风刮走扩散蔓延。适宜的繁殖条件为气温 29 ~ 31℃，相对湿度 35% ~ 55%，一般 6 ~ 8 月份危害重，相对湿度高于 70% 繁殖受抑制。

【防治措施】

一是播种和定植前彻底清除田间和保护地内的残株落叶，减少虫源。

二是加强肥水管理，防止高温干旱以减轻危害。

三是保护地栽培在定植前采用沈农系列烟剂4号熏蒸，灭虫效果较好。

四是天气干旱时要注意灌溉，并减少氮肥，增施磷、钾肥，以减轻危害。

五是加强田间检查，发现害虫及时用药防治，可以选用25%抗螨23乳油500～600倍液，或73%克螨特乳油1 000～2 000倍液，或25%灭螨猛可湿性粉剂1 000～1 500倍液，或20%灭扫利乳油2 000倍液，或2.5%天王星乳油3 000倍液，或5%尼索朗乳油2 000倍液，或20%双甲脒乳油1 000～1 500倍液，或1.8%爱福丁乳油5 000倍液，或10%吡虫啉可湿性粉剂1 500倍液，或15%哒螨灵乳油2 500倍液等喷雾防治。每隔10天左右1次，连续防治2～3次。

二、茄子茶黄螨

【害虫形态和危害症状】茶黄螨虫体很小，肉眼很难看见，雌螨体长约0.21毫米，椭圆形，较宽。雄螨更小，体长约0.19毫米。卵椭圆形，无色透明，表面具纵列瘤状突起。若虫椭圆形，是静止虫态。近年来，茶黄螨对蔬菜危害逐渐加重，特别是保护地栽培受害更重。茶黄螨危害茄子时，以成螨和幼螨聚居在茄子的新叶叶背、嫩茎、花蕾、幼果表面刺吸汁液，嫩叶受害后变小、增厚僵硬，叶背为茶褐色，并有油渍状光泽，叶边向背面卷曲。受害后嫩茎变为灰褐色；花蕾变成畸形花；果柄和萼片表面呈灰白色至灰褐色；幼果变为黄褐色，增厚粗糙，生长受到抑制，如继续生长受害部位开裂，失去商品价值和食用价值。

【发生规律】在温室中茶黄螨全年都可发生，北方在保护地越冬，少数在冬作物或杂草根部越冬。茶黄螨以两性生殖为主，也可孤雌生殖，繁殖速度很快，高温季节 5 天繁殖 1 代，一只雌螨一次能产卵 100 多粒。成螨 1 ~ 3 天就可产卵，卵产于幼叶背面、幼果或幼芽处，防治不及时蔓延迅速。温暖多湿利于茶黄螨发生，发育的适温为 16 ~ 23℃，空气相对湿度为 80% ~ 90%。田间靠风传播，也可爬行危害。卵和幼虫要求高湿条件，成螨具有趋嫩性。

【防治措施】

一是定植前彻底清洁保护地和田间枯枝落叶和杂草，以减少虫源。

二是合理施肥，盛花盛果前不施过量化肥，尤其是氮肥，避免植株生长过旺。

三是及时放风排湿，合理浇水，减少其发生条件。

四是茶黄螨繁殖快，蔓延迅速对棚室茄子要仔细观察，尤其是在植株现蕾到盛花期更应注意，发现后要立即喷药。喷药时重点喷植株上部的嫩叶背面、嫩茎、花器和幼果。茶黄螨生活周期短，繁殖力强，应及早防治。药剂防治选用 73% 克螨特 1 000 倍液，或 35% 杀螨特乳油 1 200 倍液，或 5% 尼索朗乳油 2 000 倍液，或 21% 灭杀毙乳油 2 000 倍液，或 2.5% 天王星乳油 3 000 倍液，或 40% 环丙杀螨醇可湿性粉剂 1 500 ~ 2 000 倍液，或 25% 灭螨猛可湿性粉剂 1 000 ~ 1 500 倍液，每隔 7 天喷 1 次，连喷 3 次。

三、茄子蚜虫

【害虫形态和危害症状】茄子蚜虫也叫腻虫、蜜虫，主要危害茄科蔬菜。危害温室茄子的蚜虫主要为无网长管蚜。成虫分有翅型和无翅型，体小柔软。无翅孤雌成蚜为卵形，体长近 3 毫米，宽 1 毫米，黑褐色。若蚜体更细小，1 ~ 2 毫米，绿色。蚜虫喜欢群居在叶背、花梗和嫩枝上，吸食汁液，分泌蜜露。被害叶变黄，皱缩卷曲，嫩茎、花梗受害后弯曲畸形，生长和开花受抑制，严重者枯萎死亡。分泌的蜜露可诱发煤烟病，加重危害，还可传播多种病毒。

【发生规律】蚜虫繁殖能力很强，1 年发生十几代，北方在保护地蔬菜上繁殖越冬或以卵在寄主上越冬，南方终年在茄科蔬菜上辗转危害，无明显越冬期。温暖干旱条件有利于蚜虫的发生，生长繁殖适宜温度为 16 ~ 22℃，北方超过 25℃、南方超过 27℃，空气相对湿度达到 75% 以上生长繁殖受抑制。

【防治措施】

一是清除田园及附近杂草，减少蚜源。

二是有条件可采用银灰色薄膜条及涂机油黄板驱避和诱杀蚜虫。

三是洗衣粉对蚜虫具有较强的触杀作用，可用400～500倍液喷施，效果较好。

四是保护地栽培可用敌敌畏烟剂（5 250克/公顷）密闭熏3小时以上杀蚜。

五是露地栽培应掌握蚜虫点片发生阶段喷药防治。药剂可选用50%抗蚜威可湿性粉剂2 000～3 000倍液，或44%多虫清乳油1 500～2 000倍液，或25%功夫乳油3 000倍液。

四、茄子白粉虱

【害虫形态和危害症状】茄子白粉虱又名小白蛾子，是一种世界性害虫，我国各地均有发生，危害茄果类、瓜类和豆类蔬菜，是保护地茄子的重要害虫。成虫体长约1.4～1.9毫米，淡黄白色或白色，雌雄均有翅，全身披有白色蜡粉，雌虫个体大于雄虫，产卵器为针状。卵长椭圆形，长约0.2～0.25毫米，初产淡黄色，后变为黑褐色，有卵柄，产于叶背。若虫椭圆形、扁平，淡黄色或深绿色，体表有长短不齐的蜡质丝状突起。蛹椭圆形，长约0.7～0.8毫米，中间略隆起，黄褐色，体背有5～8对长短不齐的蜡丝。大量的成虫和幼虫密集在叶片背面吸食植物汁液，使叶片萎蔫、褪绿、黄化甚至枯死，还分泌大量蜜露，引起煤污病的发生，覆盖和污染叶片及果实，影响光合作用，同时白粉虱还可传播病毒，引起病毒病的发生。

【发生规律】在北方温室1年可连续发生10余代，冬天室外不能越冬，华中以南以卵在露地越冬。羽化成虫后 1～3 天可交配产卵，平均每只雌虫产卵 142.5 粒。白粉虱也可孤雌生殖，其后代雄性。成虫有趋嫩性，在植株顶部嫩叶产卵。卵以卵柄从气孔插入叶片组织中，与寄主植物保持水分平衡，不易脱落。若虫孵化后 3 天内在叶背作短距离行走，当口器插入叶组织后开始营固着生活，失去爬行的能力。白粉虱繁殖适温为 18～21℃。春季随秧苗移植或温室通风移入露地。成虫对黄色具有较强的趋向性。

【防治措施】

一是清除温室周围的杂草，减少虫源。

二是黄板诱杀。可用人工制作成或商品黄板吊挂在温室内，经常性诱杀。

三是保护地熏蒸。每亩用 25% 杀虫烟剂 600 克效果较好。

四是药剂防治。由于植株上同时存在卵、若虫、蛹和成虫等各种虫态，最好一次用药对各种虫态都有效，而且药效持续时间长。用杜邦万灵与 20% 吡虫啉可湿性粉剂混合使用，温室用药 1～2 次即可清除。此外，用 3% 啶虫脒可湿性粉剂 800 倍液，或 25% 扑虱灵可湿性粉剂 1 500～2 500倍液，或 2.5% 溴氰菊酯乳油 2 000～3 000倍液，或 2.5% 除虫菊酯乳油2 000～3 000倍液，或 10% 吡虫啉可湿性粉剂 2 000～3 000 倍液等喷雾防治。每隔 7 天喷 1 次，连续喷 3 次。

五、茄二十八星瓢虫

【害虫形态和危害症状】茄二十八星瓢虫俗称花大

姐、花包袱，为茄子的害虫，有时也危害豆类、瓜类以及白菜。虫体长约6毫米，黄褐色，半球形，前胸背板多具6个黑色斑点，两翅上各有大小两种近圆形黑斑14个。卵长约1.2毫米，初产时黄白色，后变褐色，卵粒排列较密集。幼虫体长约7毫米，由淡黄色逐渐变为白色，枝刺白色。蛹较小，约5.5毫米，黄白色。成虫和幼虫都能咬食叶肉，严重时仅留下叶脉，导致叶片枯萎，甚至整株死亡，有时还能危害果实和嫩茎，取食花瓣、萼片，使果实变硬、味苦，品质降低。

【发生规律】茄二十八星瓢虫分布较广，南方危害更严重。1年可发生3~6代，成虫在地边杂草、土缝内过冬。每年3~4月份开始活动，产卵繁殖，卵多产在叶背，每只产卵平均400粒，初孵化幼虫先群集在叶背危害，3龄后逐渐分散，幼虫共分4龄，老熟幼虫倒挂在叶背化蛹。成虫在高温、强光时，常潜伏于叶背，成虫和幼虫都具有畏光和假死习性，稍有振动，即坠落装死。10月份，茄子收获后，即转移到适宜的场所越冬。

【防治措施】

一是人工捕杀。利用成虫假死习性，早晚拍打寄主植物，集中杀死。

二是产卵盛期采摘卵块毁掉。

三是药剂防治。在幼虫孵化或低龄幼虫期用20%氰戊菊酯乳油或2.5%溴氰菊酯乳油3 000倍液，或21%灭杀毙乳油6 000倍液，或50%辛硫磷乳油1 000倍液，或2.5%功夫乳油4 000倍液，或20%增效氯氰菊酯乳油6 000倍液，或10%菊·马乳油1 000倍液交替喷洒防治。

六、茄子斜纹夜蛾

【害虫形态和危害症状】茄子斜纹夜蛾体长14～20毫米，翅展35～46毫米，暗褐色，胸部背面有白色丛毛，前翅灰褐色。卵为扁平半球形，初产黄白色，后变为暗灰色，块状黏合在一起，上覆黄褐色绒毛。幼虫体长33～50毫米，头部黑褐色，胸部多变，从土黄色到黑绿色都有，体表散生小白点。蛹长15～20毫米，圆筒形，红褐色，尾部有一对短刺。茄子斜纹夜蛾主要发生于我国中部和南部，对茄子的危害以幼虫取食叶片为主。危害初期取食叶肉，残留上表皮及叶脉，呈白色纱网状，后转褐变枯，远看似药害或枯死。进入暴食阶段，将叶片取食一空，仅留枝梗。

【发生规律】茄子斜纹夜蛾每年可发生4～5代，以蛹在土下3～5厘米处越冬。成虫白天潜伏在叶背或土缝等阴暗处，夜间出来活动。每只雌蛾能产卵3～5块，每块有卵100～200个，卵多产在叶背的叶脉分叉处，经5～6天孵出幼虫，幼虫初孵出时聚集叶背，4龄以后和成虫一样，白天躲在叶下土表处或土缝里，傍晚后爬到植株上取食叶片。成虫有强烈的趋光性和趋化性，黑光灯比普通灯的诱蛾效果明显，对糖、醋、酒味敏感。卵的孵化适温是24℃，卵期约5天；幼虫在气温25℃时，14～20天化蛹，化蛹的适宜湿度是土壤含水量20%左右，蛹期为11～18天。降雨少的高温干旱天气有利于害虫的发生。因此，在适宜的条件下，只要有少量虫源，就可能暴发危害。

【防治措施】

一是利用产卵为卵块的特点，结合田间管理摘除卵块和初孵幼虫的叶片。

二是利用黑光灯、频振式杀虫灯、性诱剂、糖醋液等诱杀成虫。

三是保护利用天敌。斜纹夜蛾的天敌有捕食性和寄生性的昆虫、蜘蛛、线虫等。

四是深耕灭蛹。斜纹夜蛾越冬蛹的深度较浅，大部分在耕作层中，所以及时进行收获后的秋冬耕翻土地，可取得较好效果。

五是只要发现及时，对集中的初孵幼虫和未采摘的“纱窗”叶喷药防治，可起到良好效果。低龄幼虫期（3 龄以前），可选用 20% 灭扫利乳油3 000 倍液，或 10% 吡虫啉可湿性粉剂 2 500 倍液，或 80% 敌敌畏乳油 1 000 倍液，或 90% 敌百虫晶体 1 000 倍液，或 50% 辛硫磷乳油 1 500 倍液，或 15% 菜虫净乳油 1 500 倍液，或 2.5% 敌杀死乳油 3 000 倍液等交替喷雾防治。施药应在傍晚进行，以免害虫产生抗药性。

七、茄子蓟马

【害虫形态和危害症状】茄子蓟马又名瓜蓟马、瓜亮蓟马，分布在华中和华南地区，主要危害瓜类、茄果类蔬菜。成虫体黄色。触角 7 节，第一节、第二节橙黄色，第三节黄色，第四节基部黄色、端部灰黑色，第五节至第七节灰黑色。茄子蓟马体型较小，雌虫体长1.0~1.1毫米，雄虫0.8~0.9毫米。卵长椭圆形，长0.2毫米，淡黄色，产于嫩叶组织内。1龄若虫体长0.3~0.5毫米，乳白色到淡黄色；2龄若虫体长0.6~1.1毫米，淡黄色。以若虫、成虫潜伏在茄子的萼片下、植株上部嫩叶及茸毛丛中活动取食，锉吸心叶、嫩芽、幼果的汁液，使被害植株嫩芽、嫩叶卷缩，心叶不能正常展开；植株生长点被害后，常失去光泽，皱缩变黑，不再生长，甚至死亡；果实受害出现畸形，表皮呈黄褐色斑纹或长满锈斑，果皮粗糙，茄果尾端弯曲。

【发生规律】茄子蓟马1年发生10多代，世代重叠。孤雌生殖，雄虫罕见。雌虫产卵于嫩叶组织内。蓟马以成虫和1~2龄若虫取食为害，老熟的2龄若虫自动掉落在地面上，从裂缝钻入土中，3~4龄若虫不食不动，相当于全变态昆虫的预蛹期和蛹期。以成虫潜伏在土块土缝下、枯枝落叶间过冬，少数以若虫过冬。翌年气温回升至12℃时到地面活动。

【防治措施】

一是清除杂草，加强水肥管理，使植物生长旺盛，可减轻危害。

二是在茄子幼苗中发现有2~3只蓟马时就要喷药防治。常用药剂有：5%锐劲特悬浮剂2 500倍液，或20%康福多浓可溶性粉剂4 000倍液，或20%高卫士可湿性粉剂1 500倍液，或50%辛硫磷乳油1 000倍液，或50%巴丹可湿性粉剂1 000倍液，或20%叶蝉散乳油

500 倍液，或 52.5% 农地乐乳油 1 500倍液，或 5% 蓟蚜敌 800 ~1 200倍液，或 40% 七星宝 800 倍液，或 70% 艾美乐 6 000 ~10 000倍液，或 1.8% 阿维菌素乳油 5 毫升加 4.5% 高效氯氰菊酯乳油 15 毫升加水 15 升等轮换喷雾防治。

主要参考文献

1. 申爱民等. 怎样提高茄子种植效益. 北京：金盾出版社，2008

2. 林桂荣，李宏宇. 茄子标准化生产技术. 北京：金盾出版社，2008

3. 王久兴，赵桂娟. 图说温室茄子高效栽培关键技术. 北京：金盾出版社，2005

4. 胡永军等. 引进国外茄子新品种及栽培技术. 北京：金盾出版社，2006